Mansoor Muhammad Mudassir
Abu Bakar Muhammad Raza

Traços de vida de Chrysoperla carnea Neuroptera: Chrysopidae

Mansoor Muhammad Mudassir
Abu Bakar Muhammad Raza

Traços de vida de Chrysoperla carnea Neuroptera: Chrysopidae

Eficácia dos insecticidas em relação a diferentes níveis de temperatura

ScienciaScripts

Imprint

Cover image: www.ingimage.com

This book is a translation from the original published under ISBN 978-3-659-85583-2.

Publisher:
Sciencia Scripts
is a trademark of
Dodo Books Indian Ocean Ltd. and OmniScriptum S.R.L publishing group

120 High Road, East Finchley, London, N2 9ED, United Kingdom
Str. Armeneasca 28/1, office 1, Chisinau MD-2012, Republic of Moldova, Europe
Managing Directors: Ieva Konstantinova, Victoria Ursu
info@omniscriptum.com

Printed at: see last page
ISBN: 978-620-8-52283-4

Índice:

Traços de vida de Chrysoperla carnea (Neuroptera: Chrysopidae)e eficácia dos insecticidas em relação a Diferentes níveis de temperatura

Autores
Muhammad Mudassir Mansoor
Abu Bakar Muhammad Raza

Introdução Sobre o livro:

A Chrysoperla carnea é um conhecido agente de controlo biológico. É largamente utilizado em todo o mundo para o controlo de várias pragas de insectos, tanto maiores como menores, das culturas agrícolas. A elevada aplicação de insecticidas para controlar as pragas de insectos de várias culturas criou uma grande preocupação com o desenvolvimento de resistência. Este livro ajuda a identificar o desenvolvimento de resistência e os seus efeitos nas caraterísticas da história de vida de um popular agente de controlo biológico.

Capítulo 1

Aumento da aptidão e realização da hereditariedade em *Chrysoperla carnea* (Neuroptera: Chrysopidae) resistente ao benzoato de emamectina

1. Resumo:

O crisopídeo verde comum *Chrysoperla carnea* é um agente de controlo biológico fundamental utilizado em programas de gestão integrada de pragas (IPM) para gerir várias pragas de insectos. Uma população de *C. carnea* recolhida no campo foi selecionada para resistência ao benzoato de emamectina em laboratório e os custos de aptidão e a hereditariedade realizada foram investigadas. Após cinco gerações de seleção com benzoato de emamectina, *C. carnea* desenvolveu uma resistência 318 vezes maior ao inseticida. A população resistente apresentou uma aptidão relativa de 1,49, com uma taxa de emergência de adultos saudáveis, fecundidade e eclodibilidade substancialmente mais elevadas e menor duração larvar, duração pupal e tempo de desenvolvimento em comparação com a população suscetível. As taxas médias de crescimento da população, tais como a taxa intrínseca de aumento natural da população e o potencial biótico, foram mais elevadas para a população selecionada com benzoato de emamectina em comparação com a população suscetível. O valor da hereditariedade realizada (h^2) da resistência ao benzoato de emamectina foi de 0,34 na população de *C. carnea* selecionada para o benzoato de emamectina. As espécies de *Chrysoperla* que apresentam resistência a insecticidas tornam-nas compatíveis com os sistemas IPM em que o benzoato de emamectina é utilizado

2. Introdução:

Os predadores generalistas indígenas têm sido utilizados para a gestão de várias pragas nas culturas desde os primórdios da agricultura (Symondson et al. 2002). Estes predadores desempenham atualmente e de forma espontânea um papel fundamental papel fundamental no controlo de pragas (Bompard et al. 2013; Lu et al. 2012). O crisopídeo verde, *Chrysoperla carnea* (Neuroptera: Chrysopidae) é um predador chave utilizado em vários sistemas de cultivo (Lingren et al. 1968; Stelzl e Devetak 1999). *C. carnea* tem desempenhado um papel significativo na gestão de pragas devido à sua capacidade de controlar uma vasta gama de pragas, com uma vasta distribuição geográfica, elevada capacidade de procura e melhor adaptabilidade no campo do que outros predadores devido à sua tolerância a uma vasta gama de factores ecológicos (Saminathan et al. 1999; Stelzl e Devetak 1999; Tauber et al. 2000). Os três estádios larvares de *C. carnea* são vorazes alimentadores polífagos e, por exemplo, podem comer até 487 afídeos ou 511 pupas de mosca branca antes da pupação (Afzal e Khan 1978). É um dos predadores mais utilizados e comercialmente disponíveis e pode habitar muitos ecossistemas agrícolas diversos (Tauber et al. 2000). Este predador está amplamente distribuído em todo o Holárctico, pode ser facilmente criado em massa e representa uma potencial chave biológica agente de controlo nos agro-ecossistemas onde os insecticidas ainda são a principal ferramenta de controlo de pragas de insectos, como no Paquistão (Mohyuddin et al. 1997; Rajakulendran e Plapp 1982; Sayyed et al. 2010). É um predador eficiente de pragas como moscas brancas, ácaros, tripes, pulgões, cochonilhas e lagartas (Saminathan et al. 1999; Syed et al. 2005; Wang e Nordlund 1994; Herold e Stengel 1994; Butler e Henneberry 1988).

O benzoato de emamectina é um bioinseticida semi-sintético constituído por um composto natural, a avermectina, extraído do microrganismo do solo *Streptomyces avermitilis* (Shad et al. 2010; Burg et al. 1979). Provoca a ativação permanente dos canais de cloreto no sistema nervoso dos insectos, resultando na prevenção da contração muscular que, em última análise, resulta na morte (Ishaaya 2002). Está registado para controlar várias pragas de lepidópteros em produtos hortícolas e culturas arvenses a baixas taxas de utilização (Ishaaya et al. 2002). Os efeitos subletais são efeitos fisiológicos ou comportamentais em indivíduos que sobrevivem à exposição a um pesticida (Desneux et al. 2007). Os efeitos subletais dos insecticidas interagem com numerosas caraterísticas da história de vida (ou seja, fertilidade, fecundidade, taxa de desenvolvimento e proporção entre os sexos) e comportamentais, como a mobilidade, a orientação, a alimentação, a procura de hospedeiros, a oviposição e o acasalamento, envolvidas na reprodução benéfica dos artrópodes e nos serviços ecológicos. reprodução de artrópodes benéficos e serviços ecológicos (Arno e Gabarra 2011; Desneux et al. 2004, 2007; Saber 2011;Stara et al. 2011). A análise da tabela de vida fornece uma medida mais exacta dos efeitos tóxicos do que as estimativas da concentração letal (Acheampong e Stark 2004; Stark et al. 2004). Apesar da eficácia potencial do controlo biológico, muitas práticas de proteção das culturas baseiam-se principalmente em insecticidas de largo espetro que podem afetar a sustentabilidade agrícola (Biondi et al. 2012b; Wilson e Tisdell 2001). Assim, uma avaliação precisa dos potenciais efeitos secundários dos insecticidas sobre os inimigos naturais é fundamental para o desenvolvimento de estratégias eficazes de gestão integrada de pragas (IPM) (Desneux et al. 2006; Stark et al. 2007).

Por outro lado, os insectos benéficos, como *C. carnea*, podem desenvolver resistência a muitos insecticidas semelhantes aos seus insectos-alvo, mas desenvolvem a resistência mais lentamente devido a uma combinação de factores ecológicos, biológicos e bioquímicos (Roush e Daly 1990). Podem desenvolver resistência por contacto direto com insecticidas ou consumindo outros insectos que tenham sido tratados com insecticidas (Pree et al. 1989; Wu et al. 2004; Wu e Miyata 2005). Foi encontrada resistência a vários grupos de insecticidas em populações de *C. carnea* (Stephens) do Paquistão (Pathan et al. 2008; Pathan et al. 2010). Os custos de fitness associados à resistência aos insecticidas são quando o desenvolvimento de resistência a um inseticida é acompanhado de um custo energético elevado ou de outras desvantagens significativas que diminuem a aptidão do inseto em comparação com os seus homólogos susceptíveis na população (Kliot e Ghanim 2012).

Muitos estudos mostraram que os custos de aptidão estão associados à resistência aos insecticidas, ou seja, vermes do exército, rolo de folhas oblíquas, funil de plantas castanhas, lagarta do tabaco, lagarta do algodão e besouro enferrujado dos grãos (Abbas et al. 2012; Carriere et al. 1994; Jia et al. 2009; Liu e Han 2006; Sayyed et al. 2008a; Wang et al. 2010; White e Bell 1990). Em contrapartida, nalguns casos, a aptidão das estirpes resistentes pode não se alterar ou até aumentar, como é o caso do crisopídeo verde, do pulgão verde do pêssego, da traça-das-crucíferas, do escaravelho vermelho da farinha, da mosca-das-espigas, do tripes das flores ocidentais e das moscas brancas (Basit et al. 2012; Beeman e Nanis 1986; Bielza et al. 2008; Crowder et al. 2009; Eggers Schumacher 1983; McKenzie 1993; Pathan et al. 2010; Sayyed et al. 2003). Sabe-se que algumas espécies de *Chrysoperla* apresentam resistência a insecticidas, o que as torna compatíveis com a maioria dos sistemas de GIP (Pathan et al. 2010; Ishaaya 2005; Pree et al. 1989).

Este estudo investigou vários parâmetros biológicos ligados à resistência ao benzoato de emamectina. A utilização de inimigos naturais resistentes a insecticidas pode evitar surtos secundários de pragas e o ressurgimento de pragas em muitos sistemas de cultivo em que a gestão química de pragas é uma prática comum. O conhecimento da seletividade dos pesticidas em relação aos agentes de controlo biológico é necessário para o êxito da aplicação de métodos de controlo biológico e químico nos programas de gestão integrada das pragas. O conhecimento dos parâmetros da história de vida tanto do predador como da presa é também essencial para a criação em massa e a aplicação prática de um predador em sistemas de controlo biológico (Chi e Yang 2003; Chi e Getz 1988). Este estudo foi realizado para ajudar a compreender o impacto da resistência aos insecticidas nas caraterísticas da história de vida de uma população de *C. carnea* selecionada com benzoato de emamectina (Ema-SEL), recolhida numa área onde já foi comunicada a resistência a vários insecticidas (Pathan et al. 2008).

3. Materiais e métodos:

3.1. Criação de insectos:

Os adultos de *Chrysoperla carnea* foram mantidos em gaiolas de criação de plástico (23 x 38 x 38 cm) contendo dieta artificial (levedura, mel e água destilada na proporção de (1:2:4) fornecida ad libitum até a morte dos adultos e com orifícios de ventilação em ambos os lados (Pathan et al. 2008). Todos os insetos foram mantidos a 25 ± 2 C, 60-65 % UR e fotoperíodo de 14:10 h (claro:escuro). Foram pendurados papéis pretos brilhantes nas gaiolas para a postura dos ovos. Os ovos foram colocados em placas de Petri e as novas larvas foram alimentadas com ovos da traça do grão de Angoumois *Sitotroga cerealella*

(Lepidoptera: Gelechiidae) (Pathan et al. 2010). Para criar as larvas, os ovos foram recolhidos em dias alternados, removendo o papel preto das gaiolas de criação. Os ovos individuais foram colocados num orifício vertical (4-3 mm) de placas de plástico Perspex (fabricadas localmente).

Após 2-3 dias, os ovos eclodiram nestas células. Os ovos congelados da traça dos cereais de Angoumois foram fornecidos às larvas recém-eclodidas de *C. carnea* em orifícios separados e substituídos de 48 em 48 horas até à fase de pupa.

3.2. Seleção de populações com benzoato de emamectina:

A primeira população de *C. carnea* foi recolhida em Multan em 1999, designada como população suscetível e criada em laboratório sem exposição a qualquer inseticida durante 12 anos, tal como descrito por Pathan et al. (2008, 2010) e Sayyed et al. (2010). A segunda população de predadores foi recolhida em zonas de cultivo de Multan em 2011, levada para o laboratório e criada como descrito acima. O bioensaio do benzoato de emamectina (Proclaim 019 EC, Syngenta, Paquistão) foi efectuado em G1 e designado como população de campo (Quadro 1).

Quadro 1 Toxicidade das populações Ema-SEL, UNSEL, Suscetível e de campo de *C. carnea* para benzoato de emameciina

População	LC" (95 % FL)(pg ml-1)	Declive (±SE)	12	df	p		RR
Suscetível (Gjj)	4.62 (143-5.62)	2.67 (±0.39)	1.05	3	0.78	350	
Campo (Gi)[1]	58.33 (23.25-89.44)	0.77 (±0.21)	1.16	3	0.76	350	12.62
UNSEL (Gt)	21.04 (16.49-27.98)	1.37 (±0.19)	0.02	;	0.99	350	4.55
Ema-SEL (G5)	1469.37 (1072.45-2524.29)	1.59 (±0.26)	0.96	3	0.81	350	318.0 5

FL limites fiduciais, *N* número de insectos utilizados no bioensaio, *df* grau de liberdade, *RR* rácio de resistência, calculado como (LCJ(| da população UNSEL, Ema-SEL)/(LCa da população suscetível)
[J] A população detida foi utilizada para a hereditariedade realizada

Em seguida, a população recolhida no campo foi dividida em duas subpopulações da primeira geração (G1). Uma população foi deixada sem seleção e designada UNSEL, e a outra população foi selecionada com benzoato de emamectina de G1 a G5 e designada Ema-SEL. Para a seleção, as larvas de primeiro instar foram expostas topicamente a insecticidas a uma dose LC50 de 157 gg ml-1 durante cinco gerações, utilizando um microaplicador automático equipado com uma seringa de vidro de 1 ml e aplicando 0,5 gl de solução inseticida no dorso de cada larva. Foram expostas um total de 100 larvas por geração em placas de Petri de 5 cm. As larvas tratadas foram alimentadas com ovos da traça do grão angoumois até à fase de pupa.

3.3. Bioensaio de concentração-resposta em larvas:

Os bioensaios de concentração e resposta de mortalidade em larvas de benzoato de emamectina foram efectuados em larvas *de C. carnea* com 2-3 dias de idade, tal como descrito anteriormente (Sayyed et al. 2010; Pathan et al. 2008). As quatro concentrações variaram entre 38 e 304 gg ml^{-1}para a população de campo, 154-1.232 gg ml^{-1}para a Ema-SEL (G5) e 5-50 gg ml^{-1}para as populações UNSEL (G6) e Suscetível (G85) e foram preparadas como diluições em série para cada bioensaio, cada concentração replicada quatro vezes. Uma larva foi colocada numa célula individual de uma placa de criação e 20 larvas

foram tratados em cada repetição, pelo que80 no total para cada concentração de inseticida, e 30 larvas foram tratadas com água como controlo. Todas as larvas foram alimentadas com ovos da traça do grão de Angoumois . Os bioensaios foram efectuados à temperatura de 25 ± 2 C, 60-65 % HR, e fotoperíodo de 14:10 h (luz:escuridão). Os dados de mortalidade foram obtidos 72 h após o tratamento, devido ao facto de a ação deste inseticida ser mais lenta (Shono e Scott 2003).

4.4. Parâmetros da tabela de vida:

Um total de 150 recém-nascidos (1º instar) foram recolhidos aleatoriamente de cada uma das colónias Ema-SEL, UNSEL e Suscetível, como fundadores das populações experimentais. As larvas Yong foram pesadas 24 horas após a eclosão dos ovos e depois criadas individualmente em cápsulas contendo ovos da traça do grão de Angoumois. As cápsulas foram dispostas em cinco réplicas para cada população e foram utilizadas 30 larvas para cada réplica. Todas as fases do ciclo de vida foram mantidas em condições laboratoriais normais, tal como descrito supra. A mortalidade larvar e a duração das larvas foram registadas diariamente. As pupas foram pesadas nas 24 horas seguintes à sua formação.

A taxa média de crescimento relativo (MRGR) foi calculada como

MRGR= [wi (mg) - W2 (mg)] - DT

Em que W1 e W2 são o peso da pupa e o peso da larva inicial, respetivamente, e DT é o tempo (dias) desde a larva inicial (L1) até à fase de pupa (Radford, 1967).

Os adultos recém-emergidos foram agrupados em famílias. Uma única família foi usada como uma réplica, e cinco réplicas foram usadas para cada população. Cada família foi mantida num frasco de plástico (9 x 11 cm) para a oviposição. Os ovos foram recolhidos todos os dias para contar a fecundidade (ovos postos ao longo da vida por fêmea) e a taxa de eclosão dos ovos até à morte da fêmea.

A percentagem de eclosão foi registada de acordo com Liu e Han (2006) da seguinte forma

Eclodibilidade = Todos os recém-nascidos - Todos os ovos

A taxa de substituição líquida (RO) foi calculada por Jia et al. (2009) como

Ro = Nn+1 - Nn

Onde Nn é o número de neonatos da geração parental e N_{n+1} é o número de larvas da geração seguinte.

A aptidão relativa do Ema-SEL foi calculada (Cao e Han 2006) como:

Aptidão relativa = R0 da Ema-SEL - R0 da estirpe suscetível.

A taxa intrínseca de aumento da população, rm, foi registada de acordo com Birch (1948) como

rm = R0 - DT

Em que DT é o tempo de desenvolvimento desde o ovo até à emergência do adulto.

O potencial biótico (PB) foi calculado de acordo com Roush e Plapp (1982) da seguinte forma

BP = F / -DTr

Onde F é a fecundidade e DTr é o rácio entre o tempo médio de desenvolvimento da estirpe Ema-SEL e da estirpe suscetível.

4.5. Estimativa da hereditariedade realizada (h^2) para a população Ema-SEL:

A hereditariedade realizada (h^2) foi estimada de acordo com os cálculos de Tabashnik (1992)

h^2= Resposta à seleção (R)/diferencial de seleção (S).

R foi calculado como

R = [log (LC50 final)- log (LC50 inicial)]/n,

em que o LC50 final é o LC50 da população após *n* gerações de seleção e o LC50 inicial é para a população parental antes da seleção.

***S* foi calculado como *S*= i 6p, onde *i* é a intensidade da seleção e é calculada de acordo com Falconer (1989) e ep é o desvio padrão fenotípico, calculado como 6p= [1/2(declive inicial + declive final)]$^{-1}$**

5. Análise estatística:

Os dados de resposta à concentração foram analisados por análise probit (LeOra Software) (Finney, 1971) com o software POLO para valores LC50, Qui-quadrado (%2), limites fiduciais (FLs) de 95 %, declives das linhas log dose-probeta e erros padrão erros padrão. Os valores LC50 foram considerados significativamente diferentes (P <0,01) se os seus FLs a 95 % não se sobrepusessem (Litchfield e Wilcoxon 1949). Os declives foram comparados utilizando o modelo de regressão linear com Statistix 8.1 (software analítico) (Anonymous, 2005).

O teste de normalidade foi aplicado aos dados dos parâmetros do historial de vida utilizando o Statistix 8.1. Em seguida, os dados foram analisados utilizando o procedimento de modelo linear geral (GLM) a um nível de 5% de significância para verificar os efeitos da população em todas as variáveis estudadas. efeitos da população em todas as variáveis estudadas, o modelo de efeito fixo foi empregue da seguinte forma:

Yij = g + Pi+ eij

em que Yij é a variável de resposta, u é a média da população, Pi representa a população (i = 1, 2, 3) e eij é o erro aleatório associado a cada observação e é suposto ser normalmente distribuído com média g e variância 6^2 As médias foram comparadas pelo teste da diferença mínima significativa (LSD) a p <0,05.

6. Resultados:

Efeito do benzoato de emamectina nas populações Ema-SEL, UNSEL e Suscetível de *C. carnea* Os valores LC50 das populações Suscetível, UNSEL e Ema-SEL de *C. carnea* foram significativamente diferentes entre si, uma vez que os seus 95 % FLs não se sobrepuseram. A suscetibilidade do benzoato de emamectina à UNSEL foi significativamente menor do que a da Suscetível, com uma razão de resistência de 4,55 vezes (Quadro 1). Após cinco gerações de seleção com benzoato de emamectina, a população Ema-SEL desenvolveu uma resistência de 318 e 4,55 vezes em comparação com as populações Suscetível e UNSEL, respetivamente (Quadro 1). A inclinação das linhas de regressão não foi significativamente diferente entre todas as populações testadas (F = 0,59, df = 2, 6, P = 0,58). A sobrevivência média das larvas em cinco gerações de seleção foi de 40 %.

6.1. Parâmetros de aptidão para as populações Suscetível, UNSEL e Ema-SEL de *C. carnea*:

Os resultados dos parâmetros de aptidão para as populações Suscetível, UNSEL e Ema-SEL de *C. carnea* são apresentados no Quadro 2. Os dados foram distribuídos normalmente. A taxa de sobrevivência do 1º ao 4º instar não diferiu significativamente entre as populações examinadas (F = 2,73, df = 2, 12, P = 0,10). A duração larvar média da população Ema-SEL foi significativamente diferente em comparação com as populações UNSEL e Suscetível (F = 361, df = 2, 12, P <0,0001). Aumento da aptidão física e realização da hereditariedade

Tabela 2 Média (±SEM) dos parâmetros de doença para os	Percursos de história de vida	Suscetível (±SE)	UNSEL (±SE)	Ema-SEL (±SE)
Populações susceptíveis, UNSEL e Ema- SEE de *Chrysoperla*	Taxa de sobrevivência do 1º ao 4º instar (%)	77.18 ± 6.06 A	87.77 ±1.56 A	88.10 ±2.35 A
córnea	Duração das larvas (dias)	13,70 à 0,16 A	13.61 ±0.08 A	9,83 ±0,1 IB
	Peso das pupas (mg)	3.66 ±0.03 A	3.76 ±0.04 A	3.90 ± 0.03 B
	Duração da pupa (dias)	6.72 ±0.08 A	6.82 ±0.06 A	5.43 ± 0.12 B
	Pupalion rale (%)	72.41 ± 5.62 B	85.29 ± 2.54 A	78,50 ±3,48 AB

	Taxa de emergência de adultos saudáveis (%)	81.11 ± 2.65 B	84,01 ±4,83 AB	93.71 ±2.03 A
	DT ovo a adulto (dias)	22.52 ±0.23 A	22.50 ±0.13 A	17.18 ± 0.15 B
	N.º de ovos postos por fêmea	116.20 ± 3.17 C	135.60 ± 4.74 B	187.80 ±5.71 A
	Hatchabilily (%)	80.50 ± 3.48 A	81.50 ±2.81 A	97.00 ± 1.88 B
Nas linhas, a partilha de valores	N.º de larvas de progenitura	93.28 ± 3.13 C	110.70 ± 6.55 B	162.69 ±4.79 A
as letras comuns não são	Taxa líquida de substituição (Ro)	46.64 ± 1.56 C	55.39 ± 3.28 B	81.34 ±2.39 A
significativamente diferentes (P>0,05)	Aptidão relativa	0.85 ± 0.05 B	1±0,00B	1.49 ±0.10 A

Houve uma diferença significativa entre o peso médio das pupas da Ema-SEL em comparação com as populações Susceptíveis e UNSEL (F = 13,1, df = 2, 12, P = 0,001). A duração da pupa da Ema-SEL foi altamente diferente em comparação com as populações UNSEL e Suscetível (F = 92,6, df = 2, 12, P <0,0001); no entanto a duração pupal das populações UNSEL e Suscetível foi semelhante. Não houve diferença significativa na taxa de pupação entre as populações testadas (F = 2,75, df = 2, 12,P = 0,1037).

A taxa de emergência de adultos saudáveis (%) da população Ema-SEL foi significativamente diferente em comparação com a população Suscetível (F = 3,98, df = 2, 12, P = 0,0472). Houve uma diferença significativa no tempo de desenvolvimento do ovo ao adulto da população Ema-SEL (F = 338, df = 2, 12, P <0,0001) em comparação com as populações UNSEL e Suscetível. O número médio de ovos postos pelas fêmeas Ema-SEL foi significativamente maior (F = 79,1, df = 2, 12, P <0,0001) em comparação com o das populações UNSEL e Suscetível (Tabela 2). A eclodibilidade (%) dos ovos da população Ema-SEL foi significativamente diferente (F = 11,6, df =

2, 12, P = 0,0016) em comparação com as populações UNSEL e Suscetível (Tabela 2).

Não houve diferença significativa no número médio de larvas descendentes (F = 51,7, df = 2, 12, P <0,0001) e na taxa de substituição líquida (F = 51,7, df = 2, 12, P <0,0001) entre todas as populações testadas. O valor de aptidão relativa da população Ema-SEL foi significativamente diferente (F = 27,1, df = 2, 12, P <0,0001) quando comparado com as populações UNSEL e Suscetível (Tabela 2).

6.2. Taxa média de crescimento relativo das larvas, taxa intrínseca de aumento da população (rm) e potencial biótico de *C. carnea*:

A taxa média de crescimento relativo da população Ema-SEL foi significativamente diferente (F = 128, df= 2, 12, P <0,0001) em comparação com as populações UNSEL e Suscetível (Fig. 1). A taxa intrínseca de aumento populacional da população Ema-SEL foi significativamente diferente (F = 318, df = 2, 12, P <0,0001) em comparação com a das populações UNSEL e Suscetível (Fig. 2). O potencial biótico de todas as populações foi significativamente diferente (F = 230, df = 2, 12, P <0,0001) (Fig. 3)

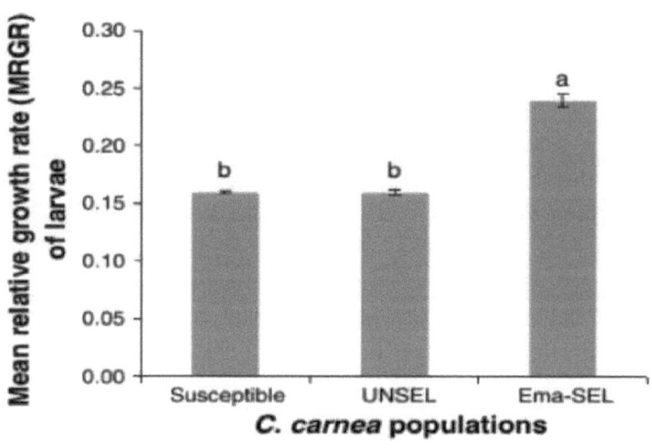

Fig 1 Médias (±SEM) das escalas de crescimento relativo das larvas das populações Susceptible, UNS EL e Em;i-SEL de *Chrysoperla earned. As barras* de um gráfico seguidas de letras diferentes são significativamente diferentes (LSD Lest, *P* < 0,05

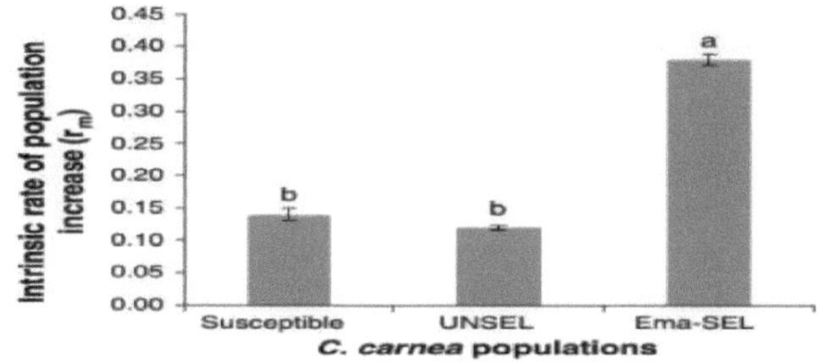

Fig 2 Eixo Xie | -l SI i re-t l de ixLtxinsie I.it-.[1] da população inci<'.i'><' axnang llic Suscetível. VJr<LSEL e populações Ema-SEL de *Chry&aperia* cameo. *Httrx* em um gráfico seguidos de letras diferentes são significativamente diferentes teste ILSD. *F** 0.05)

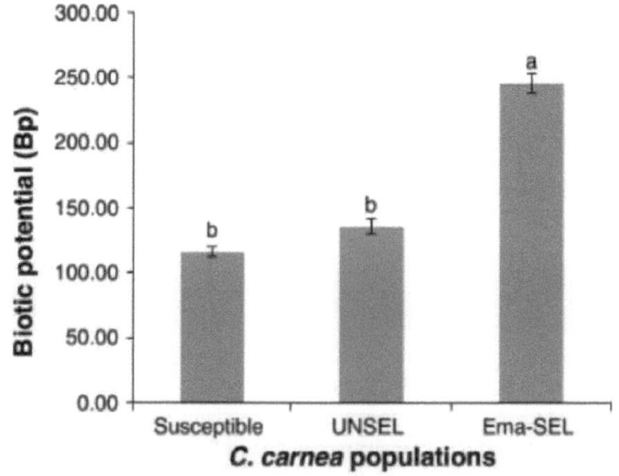

Fig* 3 Médias (±SEM) do potencial biótico entre as populações Suscetível, UNSEL e Ema-SEL de *Chrysoperla carnea*. *As brocas* seguidas de letras diferentes são significativamente diferentes (teste LSD, *P*< 0,05)

6.3. Estimativa da hereditariedade realizada (h^2) para a população Ema-SEL:

Após cinco gerações de seleção com benzoato de emamectina, a LC50 da população Ema-SEL de *C. carnea* ao benzoato de emamectina aumentou de 58,33 (23,25-89,44) para 1469,37 (1072,45-2524,29) gg mL^{-1}e o declive aumentou de 0,77 para 1,59. A herdabilidade após cinco gerações de seleção com benzoato de emamectina foi de 0,34 (Tabela 3). O valor h^2para o benzoato de emamectina foi elevado, com o número de gerações necessárias para um aumento de dez vezes na LC50 estimado em 3,57 (Quadro 3).

Quadro 3 Eslimalão da herilabilidade realizada (/i²) da resistência ao benzoato de emameclina em C *cam*

N.º de gerações selecionadas (n)	Estimativa da resposta média por geração			/*f* Estimativa do diferencial de seleção médio por geração	
	Inilial* LCsi W	FnafLCji flog)	Resposta à seleção (R)[b]	Inicial Final op' Seleção declive declive	diferencial (S)[f]
5	1.76	116	(1.2!	4(1 0.9? 0.77 1.59 0.84 (1.81	0.34

[a] Os valores iniciais e finais de LCi() foram determinados a Gi e 65, respetivamente, como indicado no Quadro 1
[b] Resposta Io seleção: log (LC final5() de Ema-SEL) - log (LC inicial$o da população do campo)/" [1] Percentagem da população com valores acima do limiar de seleção (percentagem de sobrevivência à seleção)
[J] Intensidade de seleção calculada a partir dos quadros de Falconer (1989)
[1] Desvio fenotípico = 1/21 declive inicial I declive final)'[1]
[1] Diferencial de seleção (diferença no fenótipo médio entre os progenitores selecionados e toda a geração parental, 5 = i x jp)
[6] Rentabilidade realizada (R/S)

Hoskins (1960) referiu que o declive da curva de mortalidade por dose representa o desvio fenotípico da suscetibilidade na população, que inclui mecanismos genéticos e ambientais. No entanto, o declive de uma linha de mortalidade por concentração não é um bom indicador da variação genética da suscetibilidade, uma vez que é confundido pelo fator de variação ambiental (Chilcutt e Tabashnik 1995). Anteriormente, foi relatada resistência a vários insecticidas em *C. carnea* (Pathan et al. 2008; Pree et al. 1989). A população Ema-SEL mostrou uma vantagem de aptidão associada à resistência a insecticidas em comparação com as populações Suscetível e UNSEL (Tabela 2).

A população Ema-SEL teve uma duração da pupa e um tempo de desenvolvimento (do ovo ao adulto) significativamente mais curtos em comparação com as populações Suscetível e UNSEL. Além disso, a fecundidade por fêmea, a eclosão e o peso das pupas na população Ema-SEL também aumentaram em comparação com as populações Suscetível e UNSEL. Por conseguinte, a resistência ao bezoato de emamectina na população de *C. carnea* não foi associada a custos de aptidão, nem a benefícios de aptidão, o que sugere que o aumento da aptidão observado na população selecionada foi derivado dos alelos de resistência, uma vez que a população resistente foi derivada da mesma população de campo.

Anteriormente, Pathan et al. (2010) verificaram que a dominância do custo de aptidão numa população de *C. carnea* resistente a piretróides e organofosforados se devia a uma fecundidade significativamente mais elevada, a uma maior viabilidade dos ovos e a um tempo de desenvolvimento mais curto. No presente estudo, a população Ema-SEL também mostrou uma dominância de aptidão devido a uma fecundidade significativamente mais elevada, elevada eclodibilidade, maior peso das pupas e menor duração das pupas e tempo de desenvolvimento em comparação com as populações Suscetível e UNSEL. O rápido aumento da resistência aos insecticidas na população de campo também sugere que a evolução dos alelos de resistência depende principalmente da dominância da aptidão (Carriere et al. 2001).

A taxa intrínseca de aumento (rm) indica o potencial de uma população para aumentar em condições experimentais (Stark et al. 2007). A população Ema-SEL de *C. carnea* apresentou uma taxa intrínseca de aumento populacional (rm) significativamente maior em comparação com as populações Suscetível e UNSEL. A taxa intrínseca de aumento está intimamente relacionada com a taxa média de crescimento relativo (Abbas et al. 2012; Sayyed et al. 2008a, b; Pathan et al. 2010; Sayyed e Wright 2001). Estudos anteriores demonstraram que a taxa intrínseca de aumento da população de lacewing verde resistente a piretróides e organofosforados (Pathan et al. 2010), lagarta do cartucho resistente a imidaclopride (Abbas et al. 2012), lagarta do tabaco resistente a eltametrina e indoxacarbe (Sayyed et al. 2008a), o espinosade e a traça-das-crucíferas resistente à toxina Bt Cry1Ac (Sayyed et al. 2008b; Sayyed e Wright 2001) tiveram uma relação positiva com a taxa média de crescimento relativo.

No presente estudo, verificámos que esta relação também era significativa, com um aumento da taxa média de crescimento relativo a resultar num aumento correspondente da taxa intrínseca de aumento da população. As diferenças na taxa intrínseca de aumento da população entre as populações Ema-SEL e Suscetível sugerem que houve obviamente benefícios de aptidão para *C. carnea* na presença de alelos de resistência. Os custos globais de aptidão são difíceis de determinar devido à sua natureza composta e à sua dependência de várias funções fisiológicas, bem como dos mecanismos de resistência envolvidos. Muitos estudos de aptidão em insectos resistentes a insecticidas mostraram que os mecanismos de resistência são dispendiosos (Guillemaud et al. 1998).

Falconer (1989) referiu que h2 é a quantidade de variação fenotípica representada pela variação genética aditiva. Um valor baixo *de h2 reflecte* uma maior variação fenotípica e uma menor variação genética aditiva. Uma maior variação fenotípica pode resultar da mutação genética e da pressão de seleção em condições de laboratório, mas, em condições de campo, pode resultar da migração de populações, da alternância de insecticidas, da pressão de seleção e de factores ambientais. No presente estudo, o valor de h^2foi calculado para estimar a proporção da variação fenotípica que pode ser atribuída à variação genética aditiva.

O valor mais elevado de h^2para a resistência *de C. carnea* após cinco gerações de seleção com benzoato de emamectina indicou que *C. carnea* pode ter uma maior probabilidade de desenvolvimento de resistência à emamectina benzoato de emamectina do que outros insecticidas, tais como deltametrina, alfametrina, lamdacyhalothrin, clorpirifos e profenofos (Sayyed et al. 2010). Para saber se havia variação genética suficiente na população, estimámos o h^2e um valor mais elevado para o benzoato de emamectina indicou uma maior variação genética para a resistência. Devido à maior variação genética aditiva, os valores de LC50 entre G1 e G5 para benzoato de emamectina aumentaram significativamente em comparação com LC50 em G1. Isto sugere que a população de campo tinha uma maior frequência de alelos de resistência. Estas observações são coerentes com o facto de a população utilizada nesta experiência ter sido recolhida na zona de Multan, onde são utilizados diferentes insecticidas, incluindo novos produtos químicos, piretróides e organofosforados para controlar várias pragas de insectos (Saleem et al. 2008; Ahmad et al. 2008; Pathan et al. 2008). Os pesticidas causam efeitos secundários nas caraterísticas da história de vida envolvidas na reprodução dos artrópodes benéficos e nos serviços ecológicos. Assim, uma avaliação exacta dos potenciais efeitos secundários dos insecticidas nos inimigos naturais é fundamental para o desenvolvimento de estratégias eficazes de gestão integrada de pragas (Desneux et al. 2006; Stark et al. 2007).

Os efeitos do benzoato de emamectina foram estudados em muitos inimigos naturais, como *Amblyseius swirskii, Orius* spp, *Macrolophus pygmaeus* e *C. carnea* (Amor et al. 2012; Biondi et al. 2012a; Studebaker e Kring 2003). Por exemplo, o benzoato de emamectina, na maior concentração recomendada, é compatível com *A. swirskii* e *O. laevigatus* quando aplicado 3 dias antes da introdução dos artrópodes benéficos, mas tóxico quando pulverizado diretamente. No entanto, os adultos de *M. pygmaeus* e *C. carnea* sobreviveram a aplicações diretas por pulverização (Amor et al. 2012). A emamectina é moderadamente nociva para *O. laevigatus* até 7 dias após o tratamento (Biondi et al. 2012a). Considerando que os inseticidas ainda são considerados o principal componente de supressão de pragas em diversos sistemas de cultivo, a minimização de seus efeitos colaterais sobre os inimigos naturais aumentará a sustentabilidade de seu uso. Assim, um hospedeiro mais resistente que abriga inimigos naturais sobreviveria a taxas mais elevadas do inseticida do que um hospedeiro suscetível, os inimigos naturais poderiam desenvolver-se até à idade adulta sem efeitos adversos e reproduzir-se com sucesso (Iqbal e Wright 1996).

No nosso estudo, selecionámos uma população de predadores resistentes a um produto químico, mas não observámos resistência cruzada a outros produtos químicos da mesma família de insecticidas ou resistência múltipla a outros insecticidas (Liang et al. 2012). Por conseguinte, são necessários outros estudos destinados a abordar este aspeto e os efeitos potenciais da resistência a outros compostos na aptidão dos predadores antes de implementar estratégias de biocontrolo que utilizem estas estirpes de predadores. O potencial de gestão, manipulação e integração de predadores nos sistemas de cultivo, onde a resistência a insecticidas em predadores se tornou extensa e generalizada, poderia ser implementado em vários sistemas de cultivo. O potencial de introdução destes inimigos naturais nos sistemas de cultivo é uma tática útil para a gestão de pragas.

Capítulo 2

Título: Custo de aptidão e hereditariedade realizada da resistência ao spinosad em *Chrysoperla carnea* (Neuroptera: Chrysopidae)

7. Resumo:

O crisopídeo verde comum *Chrysoperla carnea* é um agente de controlo biológico fundamental utilizado em programas de gestão integrada de pragas (IPM) para gerir várias pragas de insectos. O espinosade é utilizado para a gestão de pragas em plantas ornamentais, árvores de fruto, hortícolas e culturas arvenses em todo o mundo, incluindo o Paquistão. Uma população de *C. carnea* recolhida no campo foi selecionada com spinosad e foram investigados os custos de aptidão e a hereditariedade realizada. Após a seleção durante cinco gerações, *a C. carnea* desenvolveu uma resistência 12,65 e 73,37 vezes superior ao spinosad em comparação com as populações de campo e UNSEL. A população resistente teve uma aptidão relativa de 1,47, com uma taxa de emergência de adultos saudáveis, fecundidade e eclodibilidade substancialmente mais elevadas e menor duração das larvas, duração das pupas e tempo de desenvolvimento, em comparação com uma população de laboratório suscetível. A taxa média de crescimento relativo das larvas, a taxa intrínseca de aumento natural da população e o potencial biótico foram mais elevados para a população selecionada para o spinosade em comparação com a população de laboratório suscetível. As espécies de *Chrysoperla* são conhecidas por apresentarem resistência a insecticidas, o que torna o predador compatível com a maioria dos sistemas IPM. O valor da hereditariedade realizada (h^2) da resistência ao spinosad foi de 0,37 na população selecionada para spinosad de *C. carnea.*

8. Introdução:

O crisopídeo verde, *Chrysoperla carnea* (Stephens), é um predador chave utilizado na agricultura para a gestão de várias pragas (Lingren et al., 1968; Mulligan et al., 2010). Os três estádios larvares de *C. carnea* são vorazes alimentadores polífagos e podem comer até 487 afídeos ou 511 pupas de mosca branca antes da pupação (Afzal & Khan, 1978). É um predador benéfico, que é utilizado em programas de gestão integrada de pragas (IPM) para a gestão de pragas em muitos sistemas de culturas hortícolas e agrícolas. É um dos predadores mais utilizados e comercialmente disponíveis e pode habitar muitos ecossistemas agrícolas diversos (Pree et al., 1989; Tauber et al., 2000). Pode ser facilmente criado em massa e tem uma vasta gama de hospedeiros (Rajakulendran & Plapp, 1982; Zeleny, 1985).

É um predador eficiente de pragas como a mosca branca (*Bemisia tabaci*), tripes (*Thrips tabaci*), pulgões (*Lipaphis erysimi*, *Aphis gossypii*), jassídeos (*Amrasca devastans*), cochonilhas (*Phenacoccus solenopsis*), escaravelho da batata do Colorado (*Leptinotarsa decemlineata*), lagarta-do-cartucho (*Helicoverpa armigera, Earius vitella/insulana*) e lagarta-do-cartucho (*Spodoptera litura*) (Wang & Nordlund, 1994; Syed et al., 2005). Sabe-se que algumas espécies de *Chrysoperla* são tolerantes ou resistentes aos insecticidas, o que torna o predador compatível com a maioria dos sistemas de gestão integrada (Pree et al., 1989). Predadores como *C. carnea* podem desenvolver resistência contra insecticidas semelhante à dos seus insectos-alvo, mas tendem a desenvolver resistência lentamente devido a uma combinação de factores ecológicos, bioquímicos e biológicos (Roush & Daly, 1990). *C. carnea* pode desenvolver resistência quer por contacto direto com insecticidas, quer por ingestão de outros insectos tratados com insecticidas (Wu et al., 2004; Wu & Miyata, 2005). Foi encontrada resistência a vários grupos de insecticidas em populações de *C. carnea* do Paquistão (Pathan et al., 2008, 2010).

Os efeitos subletais são os efeitos fisiológicos ou comportamentais nos indivíduos que sobrevivem à exposição a um pesticida. Uma dose/concentração subletal é definida como não induzindo qualquer mortalidade aparente na população experimental (Desneux et al., 2007). Os efeitos subletais dos insecticidas interagem com numerosas caraterísticas da história de vida (ou seja, fertilidade, fecundidade, taxa de desenvolvimento, sobrevivência e proporção entre os sexos) envolvidas na reprodução de artrópodes benéficos (Desneux et al., 2007). Apesar da eficácia potencial do controlo biológico, muitas práticas de proteção das culturas baseiam-se principalmente em insecticidas de largo espetro, que são nocivos para os artrópodes benéficos (Desneux et al., 2007) e que afectam a sustentabilidade agrícola (Wilson & Tisdell, 2001). Uma avaliação exacta dos potenciais efeitos secundários dos insecticidas nos inimigos naturais é fundamental para o desenvolvimento de estratégias eficazes de gestão integrada de pragas (Desneux et al., 2006; Stark et al., 2007). No entanto, os insecticidas podem induzir múltiplos efeitos subletais nos indivíduos que sobrevivem após a exposição a um determinado inseticida (Desneux et al., 2007) e estes efeitos podem ter impactos importantes na dinâmica das populações de inimigos naturais (Stark & Banks, 2003). Os efeitos subletais podem afetar a neurofisiologia, o desenvolvimento, a longevidade dos adultos, a imunidade, a fecundidade, a proporção entre os sexos e comportamentos como a mobilidade, a orientação, a alimentação, a procura de hospedeiros, a oviposição e o acasalamento (Desneux et al., 2004, 2007; Suma et al., 2009; Arno & Gabarra, 2011; Saber, 2011; Stara et al., 2011). As experiências com tabelas de vida fornecem uma medida mais exacta dos efeitos tóxicos do que as estimativas da concentração letal e têm sido utilizadas com êxito para avaliar os efeitos secundários dos pesticidas em vários inimigos naturais (Acheampong & Stark, 2004; Stark et al., 2004).

O espinosade é derivado do micróbio do solo *Saccharopolyspora spinosa* (Bret et al., 1997; Thompson & Hutchins, 1999). Os seus ingredientes activos são a espinosina A e a espinosina D. O espinosade actua despolarizando os neurónios do sistema nervoso dos insectos, afectando o ácido gama aminobutírico (GABA) e transmissão da acetilcolina (Salgado, 1997, 1998). Trata-se de um inseticida de risco reduzido e é altamente eficaz contra pragas específicas. O espinosade é menos tóxico para mamíferos, aves, peixes e seres humanos e pode ser utilizado em programas IPM como inseticida alternativo aos insecticidas convencionais (Cleveland et al., 2001; Cisneros et al., 2002). O espinosade é utilizado em muitos países, bem como no Paquistão, para a gestão de várias pragas em plantas ornamentais, produtos hortícolas, culturas arvenses e árvores de fruto.

Os custos de aptidão associados à resistência aos insecticidas ocorrem quando o desenvolvimento de resistência a um inseticida é acompanhado de um custo energético elevado ou de outras desvantagens significativas que diminuem a aptidão do inseto em comparação com os seus homólogos susceptíveis na população (Kliot & Ghanim, 2012). Muitos estudos mostraram que os custos de aptidão estão associados à resistência aos insecticidas (Argentine et al., 1989; White &

Bell, 1990; Carriere et al., 1994; Liu & Han, 2006; Sayyed et al., 2008a; Jia et al., 2009; Wang et al., 2010; Abbas et al, 2012), mas, nalguns casos, a estirpe resistente tem uma vantagem em termos de aptidão ou não há diferença de aptidão entre as estirpes resistentes e as susceptíveis (Beeman & Nanis, 1986; McKenzie, 1993; Bielza et al., 2008; Pathan et al., 2010; Basit et al., 2012). Foram relatados aumentos na aptidão devido à resistência a insecticidas para o pulgão verde do pêssego, *Myzus persicae* (Eggers-Schumacher, 1983), a traça diamante, *Plutella xylostella* (Sayyed & Wright, 2001; Sayyed et al., 2003) e o crisopídeo verde, *C. carnea* (Pathan et al., 2010). Se a evolução da resistência em *Chrysoperla* puder resultar numa vantagem em termos de aptidão e não num défice, então estes predadores poderiam ser utilizados no sistema IPM sem qualquer efeito adverso dos insecticidas. Uma compreensão aprofundada das caraterísticas biológicas de *C. carnea,* afectadas pela resistência aos insecticidas, poderia, por conseguinte, contribuir para o desenvolvimento de modelos mais realistas de utilização de predadores nos sistemas de gestão integrada de pragas. Os parâmetros da história de vida constituem a descrição mais alargada da taxa de sobrevivência, do tempo de desenvolvimento e da reprodução de uma população. de uma população.

A utilização de inimigos naturais resistentes aos insecticidas pode evitar surtos secundários de pragas e o seu ressurgimento em muitos sistemas de cultivo em que a gestão química das pragas é uma prática comum. O conhecimento da seletividade dos pesticidas para os agentes de controlo biológico é necessário para a aplicação bem sucedida de métodos de controlo biológico e químico em programas de gestão integrada de pragas. O conhecimento dos parâmetros da história de vida do predador e da presa é também essencial para a criação em massa e a aplicação prática de um predador em sistemas de controlo biológico (Chi & Getz, 1988; Chi & Yang, 2003). O presente estudo foi realizado para compreender o impacto da resistência a insecticidas nas caraterísticas da história de vida de uma estirpe de *C. carnea* selecionada com spinosad, recolhida numa área onde foi registada resistência a diferentes insecticidas em *C. carnea* (Pathan et al., 2008).

9. Materiais e métodos:

9.1. Criação geral de insectos:

Os adultos de *C. carnea* foram mantidos em gaiolas de criação de plástico (23x38x38cm) com orifícios de ventilação em ambos os lados contendo dieta artificial (levedura, mel e água destilada com a proporção de 1:2:4 (1g+2g+4ml, respetivamente) (Pathan et al., 2008, 2010). Todos os insectos foram mantidos a 25±2°C, 6065% de humidade relativa (HR) e fotoperíodo de 14:10h (luz:escuridão). Papéis pretos brilhantes foram pendurados nas gaiolas para a postura dos ovos. Os papéis carregados de ovos foram retirados das gaiolas de criação em dias alternados. Ovos individuais foram colocados em buracos verticais (4-3mm) em placas de plástico Perspex (fabricadas localmente). Após 2-3 dias, os ovos eclodiram nestas células verticais. Os ovos de *Sitotroga cereallela* foram congelados e fornecidos às larvas recém-eclodidas de *C. carnea* num orifício separado e substituídos após 48 horas (Pathan et al., 2010).

9.2. População suscetível:

A população suscetível de *C. carnea* foi recolhida em Multan em 1999, designada população suscetível, e criada em laboratório sem exposição a qualquer inseticida ou sem fluxo genético externo durante >12 anos, tal como descrito por Pathan et al. (2008, 2010) e Sayyed et al. (2010). A população suscetível pode ter uma aptidão reduzida devido à consanguinidade; por conseguinte, foi também utilizada uma população não selecionada (UNSEL) com o mesmo historial genético que a população selecionada (Spino-SEL) para comparar os parâmetros de aptidão.

9.3. Seleção de populações com spinosad:

A população de campo de *C. carnea* foi recolhida em áreas de cultivo de Multan em 2011, trazida para o laboratório e criada como descrito acima. O bioensaio de espinosade (Tracer 24 SP, Arysta Life Sciences, Paquistão) foi efectuado na primeira geração (G1; doravante referida como população de campo) (quadro 1).

Em seguida, a população de campo foi dividida em duas subpopulações adicionais em G1. Uma população foi deixada sem seleção, designada por UNSEL e a outra população foi selecionada com spinosad durante cinco gerações e designada por Spino-SEL. Para a seleção, as larvas de primeiro instar foram expostas topicamente a insecticidas a uma dose LC50 de 1078 pgmi'durante cinco gerações, através de um microaplicador equipado com uma seringa de vidro de 1 mi e 0,5 pi de uma solução de inseticida. Esta solução inseticida foi aplicada no tórax de cada larva, tal como descrito anteriormente (Sayyed et al., 2010). Foi exposto um total de 100 larvas por geração. As larvas expostas ao inseticida foram alimentadas com ovos de *S. cereallela* até à formação de pupas. A sobrevivência média das larvas durante as cinco gerações de seleção foi de 40%.

9.4. Bioensaio de concentração-resposta em larvas:

Os bioensaios foram efectuados em larvas de *C. carnea* com 2-3 dias de idade, através da aplicação de uma solução inseticida nos indivíduos, tal como acima referido. As quatro concentrações variaram entre 250 e 2000 pgmi'para a população colhida no campo, 1000 e 8000 ^gml'1 para Spino-SEL, 50 e 300 pgml" [1]para as populações UNSEL e Suscetível e foram preparadas como diluições em série para cada bioensaio, sendo cada concentração repetida quatro vezes. Foi colocada uma única larva numa célula individual de uma placa de criação e foram tratadas 20 larvas em cada repetição, pelo que foram utilizadas 80 larvas para cada concentração de inseticida e 30 larvas de controlo foram tratadas apenas com água. As larvas expostas ao inseticida foram alimentadas com ovos de *S. cereallela*. Todos os bioensaios foram mantidos a uma temperatura de 25±2°C, 60-65% RH e fotoperíodo de 14:10h (luz:escuridão). Os dados foram recolhidos 72 horas após o tratamento.

9.5. Parâmetros da tábua de mortalidade:

Um total de 150 recém-nascidos foi recolhido aleatoriamente de cada uma das populações Spino-SEL, UNSEL e Suscetível para a determinação dos parâmetros de aptidão. Os recém-nascidos foram pesados uma vez e depois criados individualmente em cápsulas contendo ovos de *S. cereallela*. As cápsulas foram dispostas em cinco réplicas para cada população e foram utilizadas 30 larvas para cada réplica na mesma placa. Todas as fases dos insectos foram mantidas em condições laboratoriais normais, tal como descrito supra. A mortalidade larvar e a duração das larvas foram registadas diariamente. As pupas foram pesadas 24 horas após a pupação. A taxa média de crescimento relativo (TMGR) foi calculada da seguinte forma

MRGR= [wı (mg) - W2 (mg)] - DT

Onde W1 é o peso da pupa e W2 é o peso inicial da larva.

DT é o tempo (dias) desde a larva inicial (L1) até à fase de pupa (Radford, 1967). Os machos e as fêmeas recém-emergidos foram emparelhados em famílias no espaço de 24 horas. Uma única família foi utilizada como uma réplica, e foram utilizadas cinco réplicas para cada população. Cada família foi mantida num frasco de plástico (9 llcm) para a oviposição. Os ovos foram recolhidos todos os dias para avaliar a fecundidade (ovos postos ao longo da vida por fêmea) e a taxa de eclosão dos ovos até à morte da fêmea. A percentagem de eclosão dos ovos foi registada de acordo com o método de Liu & Han (2006), como se segue:

Eclodibilidade = Todos os recém-nascidos - Todos os ovos

A taxa de substituição líquida (R0) foi calculada de acordo com o método de Jia et al. (2009) da seguinte forma

Ro = Nn+1 - Nn

Onde Nn é o número de indivíduos da população parental e Nn +l é o número de indivíduos na população da geração seguinte. O valor da aptidão relativa da população Spino-SEL foi calculado de acordo com o método de Cao & Han (2006), como se segue:

Aptidão relativa = R0 da estirpe Spino-SEL - R0 da estirpe suscetível.

A taxa intrínseca de aumento natural da população (rm) foi registada de acordo com o método de Birch (1948) e Alyokhin & Ferro (1999)

rm = R0 - DT

em que DT é o tempo de desenvolvimento desde o ovo até à emergência do adulto.

O potencial biótico (PB) foi calculado de acordo com Roush e Plapp (1982) da seguinte forma

BP = F / -DTr

Onde F é a fecundidade e DTr é o rácio entre o tempo médio de desenvolvimento da estirpe Spino-SEL e da estirpe suscetível.

9.6. Estimativa da hereditariedade realizada (h^2) para a população Spino-SEL:

A hereditariedade realizada (h^2) foi estimada de acordo com os cálculos de Tabashnik (1992)

h^2= Resposta à seleção (R)/Diferencial de seleção (S).

R foi calculado como R = [log (LC50 final) - log (LC50 inicial)] /n,

em que o LC50 final é o LC50 da população após *n* gerações de seleção e o LC50 inicial é para a população parental antes da seleção.

***S* foi calculado como *S* = i 6p,**

Onde *i* é a intensidade da seleção e é calculada de acordo com Falconer (1989) e ep é o desvio padrão fenotípico, calculado como

6p= $[1/2(\text{declive inicial + declive final})]^{-1}$

10. Análise estatística:

Os dados relativos à concentração-resposta foram analisados através da análise probit (LeOra Software) (Finney, 1971) com o EPA Probit Analysis Program (Versão 1.5) (EPA, 1999) para determinar os valores LC50, o Qui-quadrado (%2), os limites fiduciais (FLs) a 95%, os declives das linhas logarítmicas dose-probeta e os erros padrão. Os valores LC50 foram considerados significativamente diferentes (P<0,01) se os seus FLs a 95% não se sobrepusessem (Litchfield & Wilcoxon, 1949). Os declives foram comparados utilizando o modelo de regressão linear com Statistix 8.1 (Analytical software) (Anonymous, 2005).

Os dados relativos à duração larvar e pupal, peso pupal, tempo de desenvolvimento, fecundidade, MRGR, potencial biótico e taxa intrínseca de crescimento foram analisados utilizando o procedimento do Modelo Linear Geral a um nível de significância de 5% para verificar os efeitos da população nas diferentes variáveis, tendo sido utilizado o modelo de efeito fixo da seguinte forma

$Y_{ij} = g + P_i + e_{ij}$

em que Yij é a variável de resposta, gé a média da população, Pi representa a população (*i* = 1, 2, 3) e eij é o erro aleatório associado a cada observação e é suposto ser normalmente distribuído com média ge variância 6^2 As médias foram comparadas pelo teste da Diferença Menos Significativa

(LSD) com *p* <0,05.

11. Resultados:

11.1. Resistência ao espinosade das populações susceptíveis, UNSEL, Spino-SEL e de campo:

A suscetibilidade ao espinosade foi significativamente diferente entre todas as populações, uma vez que os seus FL não se sobrepuseram. A inclinação das linhas de regressão foi significativamente diferente entre todas as populações testadas (F=6,53, d.f.=2, 6, P=0,03) (tabela 1). Após a seleção durante cinco gerações, a razão de resistência aumentou 172,53 e 73,37 vezes em comparação com as populações Suscetível e UNSEL, respetivamente, e 13,63 vezes em comparação com a população de campo em G1 (quadro 1). Não houve aumento significativo (P>0,05) na inclinação para Spino-SEL em comparação com a população de campo em G1, enquanto a inclinação para UNSEL foi significativamente (P<0,05) aumentada (tabela 1).

Quadro 1. Resistência de populações susceptíveis, UNSEL, Spino-SEL e de campo de C. *carnea* ao espinosade.

População	Inseticida		Declive (+SE)		d.f.	F	$RR^{1"}$	RR^{b}	RR^{C}
Suscetível (G_{85})	Espinosade	79.10(68.033)	3.32 (±0.33)	3.7	3	0.29			
UNSEL (Q)	Espinosade	1S6.91 (152.58-242.72)	1.65 (±0.26)	0.98	3	0.80	2.36		
População no campo (Gj)	Espinosade	1078.38(763.87-1856.78)	0.94 (+0.21)	2.91	3	0.40	13.63		
Spino-SEL (G_5)	Espinosade	13,647.11 (5261.36-15,6289.45)	1.28 (±021)	0.72	3	0.86	172.53	73.37	12.65

O número de larvas utilizadas no bioensaio, incluindo o controlo, foi de 350.
FL=limites fiduciais.
RR^{1}= rácio de resistência, calculado como (LC_{50} da população de campo, UNSEL, Spino-SEL)/ (LC50 da população suscetível).
RR^{h}=LC_{5G} da população Spino-SELl/fLC^ da população UNSEL).
RR=LC50 da população Spino-SELJ/iLC^ da população de campo).
1 O valor / é calculado através da análise probit utilizando o software POLO.
2 * Os valores R baseiam-se no teste de adequação do qui-quadrado. Os valores de p

>0,05 sugerem que o modelo se ajusta corretamente.

11.2. Caraterísticas da história de vida:

As médias para diferentes caraterísticas de história de vida das populações Spino-SEL, UNSEL e Suscetível são apresentadas na tabela 2. A duração média da larva (F=920, d.f.=2, 12, P<0,01) e a duração média da pupa (F=687, d.f.=2, 12, P<0,01) da população Spino-SEL foram significativamente mais curtas em comparação com as populações UNSEL e Suscetível; no entanto, a duração da pupa das populações UNSEL e Suscetível foi semelhante (P>0,05). O peso médio das pupas da população Spino SEL foi significativamente superior ao da população Suscetível (F=13,0, d.f.=2, 12, P<0,01), mas semelhante ao da população UNSEL (P>0,05). Houve uma diferença altamente significativa no tempo de desenvolvimento do ovo ao adulto da população Spino-SEL (F=1067, d.f.=2, 12, P<0,01) em comparação com as populações UNSEL e Suscetível. A seleção com espinosade aumentou a fecundidade de *C. carneafemales*, uma vez que os resultados mostraram que houve uma diferença altamente significativa no número médio de ovos postos pelas fêmeas Spino-SEL em comparação com as fêmeas UNSEL e Susceptíveis (F=56,1, d.f.=2, 12, P<0,01).

A taxa de sobrevivência do primeiro ao quarto instar da população Spino-SEL foi significativamente maior em comparação com a população Suscetível (%2 = 8,06, d.f.=2, P=0,017), mas semelhante à população UNSEL (P>0,05). Não houve diferença significativa na taxa de pupação entre as populações testadas (%2=5,20, d.f.=2, P=0,074). A taxa de emergência de adultos saudáveis da população Spino-SEL foi significativamente maior

comparada com a das populações UNSEL e Suscetível (%2 =5,90, d.f.=2, P=0,052). A percentagem de ovos que eclodiram na população Spino-SEL foi mais elevada (%2 =6,10, d.f.=2, P=0,047) em comparação com a da UNSEL e, em comparação com a estirpe UNSEL, o valor de aptidão relativa da Spino-SEL foi de 1,47 (quadro 2).

11.3. MRGR, taxa intrínseca de aumento da população e potencial biótico:

As médias de MRGR, taxa intrínseca de aumento populacional e potencial biótico são apresentadas na tabela 3. A MRGR do Spino-SEL foi significativamente mais elevada (F=128, d.f.=2, 12,

P<0,01) do que a das populações UNSEL e Suscetível. A taxa intrínseca de aumento populacional da Spino-SEL foi significativamente maior (F=202, d.f.=2, 12, P<0,01) em comparação com as populações UNSEL e Suscetível. O potencial biótico da população Spino-SEL foi máximo em comparação com as populações UNSEL e Suscetível; além disso, todas as populações testadas foram altamente significativamente diferentes (F=120, d.f.=2, 12, P<0,01). A associação entre a taxa intrínseca de crescimento natural e o MRGR da população foi altamente significativa (r=0,96, P<0,01) e a associação entre a taxa intrínseca de crescimento natural e o potencial biótico também foi altamente significativa (r=0,97, P<0,001).

Tabela 3. MO, taxa intrínseca de aumento da população (r_m) e potencial biótico das populações Suscetível, UNSEL e Spmo-SEL de Cm

População	MRGR	Taxa intrínseca de aumento da população (rj	Potencial biótico (B_p)
Suscetível (Qs)	0,16(+0.("l)B	11.14 Will B	US (±0,03) C
UNSEL (G_6)	ÛJ6(±0.ÛÛ2)B	0.12(±0.004)B	MttWfil
Spmo-SEL (G_5)	0.29 (±0.003) *A*	0.34 (±0.01) A	6.85 (+0.05) A

Dentro das colunas, os valores que partilham letras comuns não são significativamente diferentes (P>0,05),

12.4. Estimativa da hereditariedade realizada (h^2):

A hereditariedade após a seleção de cinco gerações com spinosade foi de 0,37. O valor h^2para o spinosad foi elevado, com o número de gerações necessárias para um aumento de dez vezes na LC50 estimado em 4,54 (recíproco de R; tabela 4).

Tabela 4. Estimativa da hereditariedade realizada (/i) da resistência ao espinosade em *C. cam.*

N.º de gerações selecionadas (")	Estimativa da resposta média por geração	Estimativa do diferencial de seleção médio por geração

	Inicial[1] LC50 cão)	Final[1] LC& dog)	Resposta à seleção (R)[2]	p [345 4 s] f	Inclinaçã o inicial	Inclinação final op[3]	Diferencial de seleção (S) [67 7]	F
5	3.03	4.13	022	40 0.65	0.94	1.28 O.9Û	0.58	0.37

[1] Os valores iniciais e finais de LC50 foram determinados em G, e G_5, respetivamente, apresentados na tabela I.
[1] Resposta à seleção: log (LC& final) - log (LCgj inicial)/n.

12. Discussão:

O papel dos predadores gerais como agentes de controlo biológico é bem conhecido (Symondson et al, 2002; Pathan et al., 2010), mas a sua estabilidade nas culturas de campo depende da ausência de perturbação por insecticidas. Por conseguinte, é essencial estudar o efeito dos insecticidas na evolução da resistência e o impacto da resistência na aptidão dos predadores. Os efeitos dos insecticidas nos predadores variam em função da espécie, do modo de aplicação e do estádio de desenvolvimento. Para explicar se o inseticida por si só tem algum efeito sobre o predador, os insecticidas devem ser aplicados diretamente no predador, porque podem ocorrer possíveis alterações nos insecticidas quando estes passam através da presa (Romeis et al., 2006). Os presentes resultados mostraram que o desenvolvimento de resistência devido à seleção regular com espinosade foi 12,65 vezes superior ao da população de campo. Isto sugere que a população selecionada em laboratório pode tolerar a pressão dos insecticidas em condições de campo. Anteriormente, foi relatada resistência a vários insecticidas em *C. carnea* (Pree et al., 1989; Pathan et al., 2008). O historial genético das populações pode influenciar a sua aptidão. Por conseguinte, é difícil isolar as variações de aptidão devidas à posse de uma mutação resistente das variações devidas às variações do contexto genético em que se expressam (McKenzie et al., 1982). As populações UNSEL e Spino-SEL foram separadas por apenas cinco gerações com cinco rondas de selecções, enquanto a população Suscetível esteve no laboratório durante mais de 12 anos antes do

[3] Percentagem da população com valores acima do limiar de seleção (percentagem de seleção sobrevivente).
[4] Intensidade de seleção calculada a partir dos quadros de Falconer (1989).
[5] Desvio fenotípico^]/2 (declive inicial+declive final)$^{-1}$.
[6] Diferencial de seleção (diferença no fenótipo médio entre os progenitores selecionados e toda a geração parental, S-ixop).
[7] Herdabilidade realizada (R/S).

início deste estudo.

Além disso, as populações foram mantidas em condições laboratoriais idênticas durante pelo menos um ano. A população Spino-SEL de *C. carne mostrou* uma vantagem de aptidão associada à resistência a insecticidas em comparação com as populações UNSEL e Suscetível (tabela 2). A população Spino-A população SEL teve uma duração de pupa e um tempo de desenvolvimento do ovo até ao adulto significativamente mais curtos em comparação com as populações UNSEL e Suscetível. Além disso, o número de ovos postos por fêmea e a eclosão na população Spino-SEL também aumentaram em comparação com as populações UNSEL e Suscetível. Anteriormente, Pathan et al. (2010) verificaram que a dominância da aptidão em populações de *C. carnea* resistentes a piretróides e organofosforados se devia a uma fecundidade significativamente mais elevada, a uma maior viabilidade dos ovos e a um tempo de desenvolvimento mais curto. No presente estudo, a população Spino- SEL também mostrou uma dominância de aptidão devido a uma fecundidade significativamente mais elevada, a uma elevada eclodibilidade e a uma menor duração das pupas e tempo de desenvolvimento em comparação com as populações UNSEL e Suscetível. O rápido aumento da resistência aos insecticidas na população de campo também sugere que a evolução dos alelos resistentes depende principalmente da dominância da aptidão (Carriere et al., 2001).

Espera-se que os benefícios de fitness observados associados à resistência ao espinosade conduzam a um aumento da resistência na ausência de seleção. No entanto, os níveis de resistência foram reduzidos na população UNSEL entre G1 e G6. Este resultado aparentemente contra-intuitivo pode ser devido a custos de fitness não examinados neste estudo. Também existe a possibilidade de que os efeitos de fitness observados sejam o resultado de uma exposição prévia recente ao spinosad no campo. Tais efeitos transgeracionais podem desaparecer nas gerações seguintes na ausência de pressão de seleção de insecticidas (Janmaat & Myers, 2005; Rahman et al., 2010).

Tabela 2. Parâmetros médios de aptidão para as populações Suscetível, UNSET e Spino-SEL de C. *cam.*

Traço de história de vida	Suscetível	UNSEL	Spino-SEL
Taxa de sobrevivência do primeiro ao quarto instar (%)	77.18 (±6.1)6) B	87.77 (±1.56) A	88.09 (±1.85) A
Duração das larvas (dias)	13.70 (±0.16) A	13.61 (±0.08) A	7.87 (±0.06) B
Peso das pupas (mg)	3.66 (±0.03) B	3,76 (±0,04) AB	3.73 (±0.03) A
Duração da pupa (dias)	6.72 (±0.08) A	6.82 (±0.06) A	3.92 (±0.04) B
Taxa de pupação (%)	72.41 (±5.62) B	85.29 (±2.54) A	AB 81,07 (±1,72)
DT ovo a adulto (dias)	22.52 +0.23A	22.50 (±0.13) A	13.79 (±0.04) B
Taxa de emergência de adultos saudáveis (%)	81.11 (±2.65) B	84.01 (±4.83) B	92.72 (±1.19) A
N.º de ovos postos por fêmea	116.20 (±3.17) C	135.60 (±4.74) B	175.80 (±4.12) A
Eclodibilidade (%)	80.50 (±3.48) B	81.50 (±2.81) B	92.50 (±0.79) A
N.º de larvas da geração seguinte	466.38	553.48	813.45
Taxa líquida de substituição (R_0)	46.64	55.35	81.35
Aptidão relativa	0.84	1	1.47

Dentro das linhas, os valores que partilham letras comuns não são significativamente diferentes (P > 0,05)

A taxa intrínseca de aumento da população (rm) indica o potencial de aumento de uma população nas condições testadas. A população Spino-SEL de *C. carnea* apresentou uma taxa intrínseca de aumento populacional significativamente maior em comparação com as populações UNSEL e Suscetível. A taxa intrínseca de aumento da população está intimamente relacionada com o MRGR (Sayyed & Wright, 2001; Sayyed et al., 2008a; Pathan et al., 2010; Abbas et al., 2012). Anteriormente, a taxa intrínseca de aumento da população de *C. carnea* resistente a piretróides e organofosforados (Pathan et al., 2010), *de P. xylostella* resistente a spinosad e à toxina Bt Cry1Ac (Sayyed et al., 2003, 2008b) e de *Heliothis virescens* (F.) resistente à deltametrina e ao indoxacarb (Sayyed et al., 2008a) tinha uma associação estreita com o MRGR.

No presente estudo, verificámos que esta relação também era significativa, com um aumento da MRGR a resultar num aumento correspondente da taxa intrínseca de aumento da população. A maior taxa de aumento da população parece dever-se, em grande parte, a uma fecundidade elevada, a uma elevada eclodibilidade e a um tempo de desenvolvimento mais curto na população Spino-SEL, em comparação com as populações UNSEL e Suscetível. As diferenças na taxa intrínseca de aumento da população entre as populações resistentes e susceptíveis testadas sugerem que houve benefícios óbvios de aptidão para *C. carnea* na presença de alelos resistentes. Falconer (1989) referiu que a hereditariedade realizada (h^2) é a quantidade de variação fenotípica representada pela variação genética aditiva. Uma h^2 baixa reflecte mais variação fenotípica e menos variação genética aditiva. Uma maior variação fenotípica pode resultar da mutação genética e da pressão de seleção em condições laboratoriais, ao passo que em condições de campo pode resultar da migração de populações, da alternância de insecticidas, da pressão de seleção e de factores ambientais.

No presente estudo, o valor de h^2foi calculado para estimar a proporção da variação fenotípica que poderia ser atribuída à variação genética aditiva. O h2 mais elevado (0,37) para a resistência *de C. carnea* após a seleção durante cinco gerações com spinosad demonstrou que *C. carnea* pode ter uma maior probabilidade de desenvolvimento de resistência ao spinosad do que a outros insecticidas, como a deltametrina (h2=0,22), a alfametrina (h2=0,11), a lambda-cialotrina (h2=0,02), o clorpirifos (h2=0,03) e o profenofos (h2=0,01) em *C. carnea* (Sayyed et al., 2010). Um valor mais elevado para o espinosade (h2=0,37) indicou uma maior variação genética para a resistência (tabela 4). Devido à maior variação genética aditiva, os valores de LC50 entre G1 e G5 para espinosade aumentaram significativamente em comparação com LC50 em G1 (tabela 1). Isto sugere que a população de campo tinha uma maior frequência de alelos de resistência. Estas observações são consistentes com o facto de a população utilizada nesta experiência ter sido recolhida na área de Multan, onde estão a ser utilizados diferentes insecticidas, incluindo novos produtos químicos, piretróides e organofosforados para controlar várias pragas de insectos (Pathan et al., 2008; Saleem et al., 2008).

Os pesticidas causam efeitos secundários nas caraterísticas da história de vida envolvidas na reprodução dos artrópodes benéficos e nos serviços ecológicos. Assim, uma avaliação exacta dos potenciais efeitos secundários dos insecticidas nos inimigos naturais é fundamental para o desenvolvimento de estratégias eficazes de gestão integrada de pragas (Desneux et al., 2006; Stark et al., 2007). Os efeitos do spinosad foram estudados em muitos inimigos naturais, como *Chelonus insularis* (Cresson), *Eiphosoma vitticolle* (Cresson), *Aphytis melinus* (DeBach), *Coccophagus lycimnia* (Walker), *Leptomastix dactylopii*(Howard), *Deraeocoris brevis* (Uhler), *Hyposoter didymator* e *Harmonia axyridis* (Pallas) (Galvan et al., 2005; Penagos et al., 2005; Kim et al., 2006; Suma et al., 2009; Biondi et al., 2012).

Considerando que os insecticidas ainda são considerados o principal componente da supressão de pragas em vários sistemas de culturas, a minimização dos seus efeitos secundários nos inimigos naturais aumentará a sustentabilidade da sua utilização. Assim, os inimigos naturais resistentes sobreviveriam a taxas mais elevadas do inseticida e poderiam desenvolver-se até à idade adulta sem efeitos adversos e reproduzir-se com sucesso (Iqbal & Wright, 1996).

No presente estudo, os autores selecionaram uma população de predadores resistentes a um produto químico, mas não examinaram a resistência cruzada a outros produtos químicos da mesma família de insecticidas ou a resistência múltipla a outros insecticidas. Por conseguinte, são necessários outros estudos que abordem este aspeto e os efeitos potenciais da resistência a outros compostos na aptidão do predador antes de implementar estratégias de biocontrolo, utilizando estas estirpes de predadores resistentes. O potencial de gestão, manipulação e integração de predadores nos sistemas de cultivo, onde a resistência dos predadores aos insecticidas se tornou extensa e generalizada, poderia ser implementado em vários sistemas de cultivo. O potencial de introdução destes inimigos naturais nos sistemas de cultivo é uma tática útil para a gestão de pragas.

Capítulo 3

Título: Influência da temperatura pós-exposição na toxicidade de insecticidas convencionais e de nova química para o crisopídeo verde *Chrysoperla carnea* (Stephens) (Neuroptera: Chrysopidae)

13. Resumo:

A Chrysoperla carnea (Stephens) é um importante agente de controlo biológico atualmente utilizado em muitos programas de gestão integrada de pragas (IPM) para controlar insectos nocivos. O efeito da temperatura pós-tratamento na toxicidade dos insecticidas espinosina (espinosade), piretróide (lambda-cialotrina), organofosforado (clorpirifos) e novo químico (acetamipride) para as larvas *de C. carnea* foi investigado em condições laboratoriais. Foram avaliados os coeficientes de temperatura de cada inseticida testado. De 20 a 40 °C, a toxicidade da lambda-cialotrina e do espinosade diminuiu 2,15 e 1,87 vezes, enquanto a toxicidade do acetamipride e do clorpirifos aumentou 2,00 e 1,79 vezes, respetivamente. O estudo demonstra que a eficácia dos pesticidas pode variar em função das condições ambientais. Nos sistemas de cultivo em que são utilizados vários produtos insecticidas, deve ser dada atenção à variação da temperatura como fator-chave para tornar as estratégias de gestão de pragas mais seguras para os agentes de controlo biológico. Os insecticidas com um coeficiente de temperatura negativo podem desempenhar um papel construtivo na conservação das populações de *C. carnea.*

14. Introdução:

Nos sistemas de cultivo, o crisopídeo verde, *Chrysoperla carnea* (Stephens) (Neuroptera: Chrysopidae) é considerado um predador chave (Lingren et al., 1968). *C. carnea* é um predador valioso como elemento de actividades de gestão integrada de pragas (IPM) para controlar pragas económicas. Está disponível comercialmente e é amplamente utilizado porque se pode adaptar a diferentes agro-ecossistemas (Tauber et al., 2000). Como potencial predador e agente de biocontrolo no Paquistão, *C. carnea* está largamente disperso onde os insecticidas são normalmente utilizados para o controlo de pragas de insectos (Mohyuddin et al., 1997; Sayyed et al., 2010). Diferentes espécies de *Chrysoperla* demonstraram tolerância ou resistência a diferentes insecticidas, o que a torna adequada para vários sistemas de gestão integrada de pragas (Pree et al., 1989). Os inimigos naturais das pragas de insectos, como a *C. carnea*, podem desenvolver resistência aos insecticidas semelhante à dos seus insectos hospedeiros. No entanto, tornam-se resistentes pouco a pouco devido a um conjunto de factores bioquímicos, biológicos e ecológicos (Roush e Daly, 1990). O contacto direto com insecticidas ou a alimentação em hospedeiros tratados com insecticidas são dois modos gerais de desenvolvimento de resistência (Wu e Miyata, 2005; Wu et al., 2004). *C. carnea* do Paquistão foi considerada resistente a muitos grupos de insecticidas (Pathan et al., 2008, 2010).

No terreno, a temperatura tem um efeito importante na eficácia dos insecticidas. É um fator-chave do ambiente, que actua como fator de controlo e letalidade (Fry, 1947). A temperatura afecta diferentes caraterísticas biológicas dos insectos, como a fertilidade, a fecundidade, a sobrevivência, a duração da vida adulta (Yang et al., 1994; Dreyer e Baumagartner, 1996; Infante, 2000) e a proporção entre os sexos (Zheng et al., 2008). O coeficiente de temperatura de qualquer inseticida pode ser calculado para determinar a associação temperatura-toxicidade. Os insecticidas com um coeficiente de temperatura positivo tornam-se mais tóxicos com o aumento da temperatura, enquanto os que têm um coeficiente de temperatura negativo se tornam mais tóxicos a temperaturas mais baixas (Glunt et al., 2013). Os insecticidas piretróides e organofosforados, por exemplo, têm normalmente um coeficiente de temperatura negativo e positivo, respetivamente (Musser e Shelton, 2005). No entanto, algumas investigações também mostraram diferenças na toxicidade dentro de uma determinada classe de insecticidas (Muturi et al., 2011) entre os níveis de temperatura testados e as espécies de insectos (Boina et al., 2009; Muturi et al., 2011). O presente estudo comparou os efeitos da temperatura pós-tratamento na eficácia de quatro insecticidas de diferentes classes de insecticidas contra larvas *de C. carnea.*

15. Materiais e métodos:

15.1. Insectos e insecticidas:

A população de *C. carnea* foi colhida em algodão, *Gossypium hirsutumL.*, no distrito de Muzaffargarh, Punjab, Paquistão. Os adultos de *C. carnea* (200-400) foram recolhidos com a ajuda de frascos de plástico ventilados, como mencionado anteriormente (Pathan et al., 2008). Os adultos foram mantidos em frascos de plástico (12 x 12 x 20 cm) com uma dieta artificial que incluía levedura, mel e água destilada na proporção de 1:2:4. Os adultos foram mantidos a 25 ± 2 C, 60-65% UR e fotoperíodo de 14:10 h (l:d) em gaiolas de criação de plástico (23 x 38 x 38 cm) com orifícios de ventilação em ambos os lados. Foi pendurado papel preto brilhante nas gaiolas para a postura dos ovos. Os ovos foram colocados em placas de Petri e as larvas foram alimentadas com ovos de *Sitotroga cerealella* (Olivier). Para expor as larvas ao inseticida, os ovos foram recolhidos de dois em dois dias, retirando o papel preto das gaiolas de criação. Um ovo foi colocado num orifício vertical (4-3 mm) da câmara celular Perspex e eclodiu ao fim de 2 a 3 dias. Os ovos congelados de *S. cereallela* foram fornecidos às larvas recém-eclodidas de *C. carnea* em orifícios separados de 48 em 48 horas até à pupação.

Os insecticidas utilizados foram o espinosade (Tracer 24 SC, Dow Agro Sciences), a lambda-cialotrina (Karate 2.5 EC, Syngenta Limited, Jealot Hill, Reino Unido), o clorpirifos (Lorsban 40 EC, Dow Agro Sciences, Hitchin, Reino Unido) e o acetamipride (Mospilan 20 SP, Arysta Life Sciences, Paquistão).

15.2. Bioensaios:

Foram utilizadas quatro réplicas de cada concentração de inseticida para testar a toxicidade a 20, 28 e 40 °C.

O nível de temperatura mais elevado (40 °C) foi selecionado porque a população de ensaio foi colhida no distrito de Muzaffargarh do Punjab, Paquistão, que tem um clima árido com Verões extremamente quentes e Invernos calmos.

A temperatura mais elevada registada nesta cidade é de cerca de 54 °C (Anon., 2013). Foram feitas pelo menos quatro concentrações como diluições em série de cada inseticida em água destilada e testadas a cada temperatura. Os bioensaios foram realizados em larvas de 2-3 dias de idade de *C. carnea* pelo método do filtro impregnado de inseticida, tal como aprovado pelo comité de ação para a resistência aos insecticidas (Sayyed et al., 2010). Papéis de filtro (Whatman n.º 41, 90 mm de diâmetro; Whatman, Maidstone, Reino Unido) foram mergulhados nas soluções de ensaio e em água destilada para os controlos.

Para uma concentração, foram utilizadas 80 larvas (20 larvas por repetição) e 30 larvas para o controlo. Uma larva foi mantida numa única placa de Petri com papel de filtro tratado para evitar o canibalismo. As larvas foram alimentadas com ovos de *S. cereallela*. As larvas tratadas foram imediatamente colocadas em câmaras de crescimento com temperaturas de 20, 28 e 40 °C, respetivamente, 60-65% HR e fotoperíodo de 14:10 h (l:d).

15.3. Análise dos dados:

Os dados de mortalidade foram registados após 72 h de tratamento com inseticida para os insecticidas de nova química e após 48 h para os insecticidas convencionais. Os dados relativos à mortalidade foram analisados utilizando a análise probit (Finney, 1971), corrigida para a mortalidade de controlo a cada temperatura (Abbott, 1925), para determinar a concentração letal média (CL50).

A fórmula utilizada para calcular os coeficientes de temperatura de cada inseticida é a relação entre a LC50 mais elevada e a LC50 mais baixa. O coeficiente de temperatura foi considerado positivo quando a LC50 inferior se situava a uma temperatura mais elevada e negativo quando a LC50 inferior se situava a uma temperatura mais baixa (Musser e Shelton, 2005).

Efeito da temperatura pós-tratamento na toxicidade do inseticida 3

Quadro 1 Efeito da temperatura na toxicidade dos insecticidas para as larvas de C. *cornea.*

Inseticida para populações	Temperatura (°C)	LC^'AFLUpg/ml)	Inclinação! iSE)	T	df	p	jf*	Coeficiente de temperatura	
								8 °C	20 T
Campo (GJ Acetamipride	20	2283.6(1487.26^984.16)	1,25± 0,29	4.12	3	0.24	350		

	28	1676.07(1171.58-2867.68)	1,32± 0,26	1.46	3	0.68	350	1.32	
	40	1139.05 (855.51-1571.79)	1.57 ±0.26	0.99	3	0.8	350	1.47	2.0
Campo (G,> Cialotrina lambda	20	334.12(242.03-527.42)	1.49 ±0.28	1.60	3	0.65	350		
	28	472.11 (321.95-938.56)	1.40 ±0.31	0.009	3	0.99	350	-1.41	
	40	720.01 (424.3-2636.66)	1,21± 0,32	0.006	3	0.99	350	-1.52	-2.15
Campo (Gj) Espinosade	20	690.16(484.99-1121.17)	1.26 ±0.25	1.04	3	0.79	350		
	28	877.29(607.27-1547.13)	1,31± 0,27	0.71	3	0.87	350	-1.27	
	40C	1292.38(803.01-3444.12)	1.13 ±0.27	0.42	3	0.93	350	-1.47	-1.87
Campo (G|) Clorpirifos	20	297.64 (227.08-442.33)	1.25 ±0.22	1.86	3	0.60	350		
	28	267.64(195.94-382.47)	1.39 ±0.25	1.23	3	0.74	350	1.11	
	40	166.03(125.46-211.52)	1,71± 0,25	5.45	3	0.14	350	1.61	1.79

[1] Número de larvas testadas.
[b] Concentração letal.
[c] Rácio entre o maior e o menor valor LC50 para diferenças de temperatura de 7 e 14 °C. Um coeficiente negativo indica uma LC50 mais elevada a uma temperatura mais elevada.

16. Resultados:

Verificou-se que a toxicidade do acetamipride e do clorpirifos está positivamente correlacionada com as gamas de temperatura testadas. Com base nos valores LC50, a toxicidade do acetamipride aumentou significativamente de 1,32 para 1,47 vezes às temperaturas de 28 e 40 °C, respetivamente, quando comparada com a toxicidade a 20 °C (Quadro 1). O clorpirifos deu resultados semelhantes, porque a toxicidade aumentou de 1,11 para 1,61 vezes às temperaturas de 28 e 40 °C, respetivamente, quando comparada com a toxicidade a 20 °C. O acetamipride e o clorpirifos apresentaram coeficientes de temperatura globalmente positivos de 2,00 e 1,79 vezes, respetivamente, para as gamas de temperatura testadas (Quadro 1). Em contrapartida, o inseticida piretróide apresentou uma associação negativa com os níveis de temperatura testados. A toxicidade da lambda-cialotrina diminuiu 1,41 e 1,52 vezes a 28 e 40 °C, respetivamente, quando comparada com a toxicidade a 20 °C, com um coeficiente global de temperatura de 2,15 (quadro 1).

No caso do espinosade, a toxicidade também diminuiu 1,27 e 1,47 vezes a 28 e 40 °C, respetivamente, quando comparada com a toxicidade a 20 °C, com um coeficiente global de temperatura de 1,87 (quadro 1). Em suma, a toxicidade do clorpirifos e do acetamipride indicou uma relação direta com os níveis de temperatura investigados, enquanto se observou uma relação oposta entre a toxicidade da lambda-cialotrina e do espinosade e a temperatura

19.Discussão:

Existe uma vasta gama de invasões de pragas devido à variação dos padrões de cultivo e da temperatura, o que revela variações consideráveis nas aplicações de insecticidas. A utilização persistente e excessiva de pesticidas também causou problemas mais críticos, como a poluição do abastecimento de água (Carey, 1991) e a degradação dos solos agrícolas.

C. canrea é um agente de controlo biológico popular (Pathan et al., 2010). Neste estudo de investigação, foi avaliado o efeito de três gamas de temperatura diferentes na toxicidade de quatro insecticidas diferentes para este crisopídeo verde. O modo de aplicação, a espécie e o estádio de desenvolvimento podem alterar a eficácia do inseticida sobre este predador. Os riscos para os inimigos naturais devido aos insecticidas variam de várias formas (Taborsky et al., 1995), dependendo da toxicidade intrínseca do produto químico (Hassan, 1987), da exposição (Kennedy, 1988), da cobertura de aplicação (Cilgi et al., 1988) e do comportamento do produto químico (Leahy, 1985). No corpo dos insectos, diversas funções metabólicas dependem muito da temperatura, o que provoca a degradação dos insecticidas e o funcionamento normal do sistema nervoso (Litchfield e Wilcoxon, 1949).

O clorpirifos e o acetamipride apresentaram toxicidade dependente da temperatura, sendo o clorpirifos mais tóxico do que o acetamipride na gama de temperaturas mais elevada (40 °C) testada

(Quadro 1). Teoricamente, os insecticidas organofosforados têm um melhor desempenho a temperaturas elevadas, uma vez que estes têm uma correlação positiva com as temperaturas adjacentes (Glunt et al., 2013). Por outro lado, a biotransformação é um processo biológico conhecido por reduzir a toxicidade dos organofosforados a temperaturas mais baixas (Harwood et al., 2009). Por conseguinte, os insecticidas acima referidos podem ter efeitos drásticos sobre este agente de controlo biológico em climas mais quentes.

Ao contrário do clorpirifos e do acetamipride, a lambda-cialotrina e o espinosade testados neste estudo apresentaram um coeficiente de temperatura negativo (quadro 1). A temperaturas elevadas, os insecticidas piretróides apresentam uma eficácia reduzida (Scott, 1995). As temperaturas entre 15 e 20 °C aumentam a sensibilidade dos neurónios, o que provoca disparos frequentes. Numa determinada fase do movimento do impulso nervoso, os iões de sódio são controlados pelos piretróides (Salgado et al., 1989). Mas foi registada uma inversão a temperaturas elevadas (Song e Narahashi, 1996). A redução da biotransformação e o aumento do influxo de sódio (Song e Narahashi, 1996; Harwood et al., 2009) a baixa temperatura causam mais mortalidade.

O espinosade é uma alternativa aos insecticidas organofosforados, carbamatos e piretróides para o controlo de lepidópteros, tripes e determinadas pragas de outras ordens (Thompson et al., 1995). A temperatura desempenha um papel fundamental no controlo da toxicidade dos insecticidas microbianos, uma vez que o espinosade é um inseticida microbiano (Weinzierl et al., 1998), o que pode ser uma causa possível da toxicidade reduzida a temperaturas mais elevadas.

Estes resultados sobre a toxicidade da lambda-cialotrina e do espinosade estão de acordo com os bioensaios efectuados com *Ostrinia nubilalis* (Musser e Shelton, 2005), em que se verificou uma associação oposta entre a temperatura e a toxicidade.

18. Conclusão:

Estes resultados podem ajudar a conceber programas valiosos de gestão de pragas, utilizando produtos químicos em sistemas de cultivo em que *C. carnea* é utilizada como agente de controlo biológico para controlar várias pragas de insectos. No entanto, há vários outros factores relacionados com a temperatura que devem ser tidos em conta quando se utilizam estes resultados para organizar programas de gestão de pragas amigos do ambiente. As temperaturas mais elevadas reduzem a vida residual dos insecticidas (Bobe et al., 1998; Arthur et al., 1992), mas aumentam a atividade dos insectos (Cagan, 1998) e reduzem a deposição de insecticidas, especialmente se aplicados por via aérea (Wilkinson et al., 1999). A aplicação atempada, de acordo com a temperatura em perspetiva, pode reduzir os efeitos não visados do inseticida acima referido em *C. carnea* e noutros inimigos naturais.

Referências

Abbas N, Shad SA, Razaq M (2012) Custo de aptidão, resistência cruzada e hereditariedade realizada da resistência ao imidaclopride em Spodoptera litura (Lepidoptera: Noctuidae). Pestic Biochem Physiol 103:181-188.

Acheampong S, Stark JD (2004) Efeitos do adjuvante agrícola Sylgard 309 e do inseticida pimetrozina nos parâmetros demográficos do parasitoide do afídeo, Diaeretiella rapae. Biol Control 31:133-137.

Afzal M, Khan MR (1978) Life history and feeding behavior of green lacewing, Chrysoperla carnea Stephens (Neuroptera: Chrysopidae). Pak J Zool 10:90-98.

Ahmad M, Sayyed AH, Saleem MA, Ahmad M (2008) Evidência de resistência desenvolvida no terreno a novos insecticidas em Spodoptera litura (Lepidoptera: Noctuidae) do Paquistão. Crop Prot 27:1367-1372.

Amor F, Medina P, Bengochea P, Canovas M, Vega P, Correia R, Garc la F, Gomez M, Budia F, Vinuela E, Lopez JA (2012) Efeito do benzoato de emamectina em condições de semi-campo e de campo sobre os principais agentes de controlo biológico predadores utilizados em estufas de produtos hortícolas. Biocontrol Sci Technol 22:219-232.

Anónimo (2005) Statistix for Windows. Analytical Software, Tallahassee Arno J, Gabarra R (2011) Efeitos secundários de insecticidas selecionados nos predadores de Tuta absoluta (Lepidoptera: Gelechiidae) Macrolophus pygmaeus e Nesidiocoris tenuis (Hemiptera: Miridae). J Pest Sci 84:513-520

Basit M, Sayyed AH, Saeed S, Saleem MA (2012) Ausência de custos de fitness associados à resistência ao acetamipride em Bemisia tabaci (Hemiptera: Aleyrodidae). J Econ Entomol 105:1401-1406.

Beeman RW, Nanis SM (1986) Alelos de resistência ao malatião e sua aptidão no escaravelho da farinha vermelha (Coleoptera, Tenebrionidae). J Econ Entomol 79:580-

587.

Bielza P, Quinto V, Gravalos C, Abellan J, Fernandez E (2008) Ausência de custos de aptidão da resistência aos insecticidas no tripes das flores do Oeste (Thysanoptera: Thripidae). J Econ Entomol 101:499-503.

Biondi A, Desneux N, Siscaro G, Zappala L (2012a) A utilização de pesticidas com certificação biológica em vez de pesticidas sintéticos pode não ser mais segura para os agentes de controlo biológico: seletividade e efeitos secundários de 14 pesticidas no predador Orius laevigatus. Chemosphere 87:803-812.

Biondi A, Mommaerts V, Smagghe G, Vinuela E, Zappala L, Desneux N (2012b) O impacto não visado dos espinosanos nos artrópodes benéficos. Pest Manag Sci 68:1523-1536.

Birch LC (1948) The intrinsic rate of natural increase of an insect population (A taxa intrínseca de crescimento natural de uma população de insectos). J Animal Ecol 17:15-26

Bompard A, Jaworski CC, Bearez P, Desneux N (2013) Sharing a predator: can an invasive alien pest affect the predation on a local pest? Pop Ecol 55:433-440.

Burg RW, Miller BM, Baker EE, Birnbaum J, Currie SA, Hartman R, Kong YL, Monaghan RL, Olson G, Putter I, Tunac JB, Wallick H, Stapley EO, Oiwa R, Omura S (1979) Avermectins, new family of potent anthelmintic agents: producing organism and fermentation. Antimicrob Agents Chemother 15:361-367.

Butler GDT, Henneberry TJ (1988) Laboratory studies of Chrysoperla carnea predation on Bemisia tabaci. South Western Entomologist, ARS, USDA. 13:165-170.

Cao GC, Han ZJ (2006) Resistência à tebufenozida selecionada em Plutella xylostella e sua resistência cruzada e custo de aptidão. Pest Manag Sci 62:746-751.

Carriere Y, Deland JP, Roff DA, Vincent C (1994) Life-history costs associated with the evolution of insecticide resistance. Proc R Soci Lond B 258:35-40.

Carriere Y, Ellers-Kirk CA, Patin L, Sims M, Meyer AS, Liu YB, Dennehy TJ, Tabashnik BE (2001) Overwintering cost associated with resistance to transgenic cotton in the pink bollworm (Lepidoptera: Gelechiidae). J Econ Entomol 94:935-941.

Chi H, Getz WM (1988) Criação em massa e colheita com base numa tabela de vida com duas fases etárias e dois sexos: Um estudo de caso do verme do tubérculo da batata (Lepidoptera: Gelechiidae). Environ Entomol 17:18-25.

Chi H, Yang TC (2003) Tabela de vida de dois sexos e taxa de predação de Propylaea japonica Thunberg (Coleoptera: Coccinellidae) alimentada em Myzus persicae (Sulzer) (Homoptera: Aphididae). Environ Entomol 32:327-333

Chilcutt CF, Tabashnik BE (1995) Evaluation of pesticide resistance and slope of the concentration-mortality line: are they related? J Econ Entomol 88:11-20.

Crowder DW, Ellers-Kirk C, Tabashnik BE, Carriere Y (2009) Ausência de custos de aptidão associados à resistência ao piriproxifeno no biótipo B de Bemisia tabaci. Pest Manag Sci 65:235-240

Desneux N, Pham-Delegue MH, Kaiser L (2004) Effects of sublethal and lethal doses of lambda- cyhalothrin on oviposition experience and host searching behaviour of a parasitic wasp Aphidius ervi. Pest Manag Sci 60:381-389

Desneux N, Denoyelle R, Kaiser L (2006) Um bioensaio em várias etapas para avaliar o efeito da deltametrina na vespa parasita vespa
Aphidius ervi. Chemosphere 65:1697-1706

Desneux N, Decourtye A, Delpuech JM (2007) The sublethal effects of pesticide on beneficial arthropods. Annu Rev Entomol 52:81-106

Eggers-Schumacher HA (1983) A comparison of the reproductive performance of insecticide resistant and susceptible clones of
Myzus persicae. Entomol Exp Appl 34:301-307

Falconer DS (1989) Introduction to quantitative genetics, 3rd edn. Longman, London

Finney D (1971) Probit analysis, 3rd edn. Cambridge University Press, Cambridge

Guillemaud T, Lenormand T, Bourguet D, Chevillon C, Pasteur N, Raymond M (1998) Evolution of resistance in Culex pipiens allele replacement and changing environment. Evolution 52:443-453

Herold D, Stengel B (1994) Thrips: novas pragas de couves para saverkravt na Alsácia. Reg Int Sci

Phyto France 101:31-35

Hoskins WM (1960) Use of the dosage mortality curve in quantitative estimation of insecticide resistance. Entomol Soc Am 2:85-91

Iqbal M, Wright DJ (1996) A resistência do hospedeiro aos insecticidas pode conferir proteção aos parasitóides endo-larvares. Bull EntomolRes

86:721-723

Ishaaya I (2002) Ecologically sound plant protection technologies. Pest Manag Sci 58:1089

Ishaaya I (2005) Insect detoxifying enzymes: their importance in pesticide synergism and resistance. Arq Insect Biochem Physiol 22:263-276

Ishaaya I, Kontsedalov S, Horowitz AR (2002) Emamectin, a novel insecticide for controlling field crop pests. Pest Manag Sci

58:1091-1095

Jia B, Liu Y, Zhu YC, Liu X, Gao C, Shen J (2009) Herança, custo de aptidão e mecanismo de resistência à tebufenozida em Spodoptera exigua (Hubner) (Lepidoptera: Noctuidae). Pest Manag Sci 65:996-1002

Kliot A, Ghanim M (2012) Custos de aptidão associados à resistência aos insecticidas. Pest Manag Sci 68:1431-1437

Liang P, Tian YA, Biondi A, Desneux N, Gao XW (2012) Efeitos a curto prazo e transgeracionais do neonicotinóide nitenpyram na suscetibilidade a insecticidas em duas espécies de mosca branca. Ecotoxicologia 21:1889-1898

Lingren PD, Ridgway RL, Jones SL (1968) Consumo por vários artrópodes predadores comuns de ovos e larvas de duas espécies de Heliothis que atacam o algodão. Ann Entomol Soc Am 61:613-617

Litchfield JT, Wilcoxon F (1949) A simplified method of evaluating dose-effect experiments. J Pharmacol Exp Ther 99:99-103

Liu Z, Han Z (2006) Custos de aptidão da resistência ao imidaclopride selecionada em laboratório na cigarrinha castanha, Nilaparvata lugens (Stal). Pest Manag Sci 62:279-282

Lu Y, Wu K, Jiang Y, Guo Y, Desneux N (2012) A adoção generalizada do algodão Bt e a diminuição dos insecticidas promovem
serviços de biocontrolo. Natureza 487:362-365

McKenzie JA (1993) Measuring fitness and intergenic interactions: the evolution of resistance to diazinon in Lucilia cuprina.
Genética 90:227-237

Abbas, N., Shad, S.A. & Razaq, M. (2012) Custo de aptidão, resistência cruzada e hereditariedade realizada da resistência ao imidaclopride em Spodoptera litura (Lepidoptera: Noctuidae). Pesticide Biochemistry and Physiology 103, 181-188.

Acheampong, S. & Stark, J.D. (2004) Efeitos do adjuvante agrícola Sylgard 309 e do inseticida pimetrozina nos parâmetros demográficos do parasitoide do afídeo, Diaeretiella rapae.Biological Control 31, 133-137.

Afzal, M. & Khan, M.R. (1978) Life history and feeding behavior of green lacewing, Chrysoperla carnea Stephens (Neuroptera: Chrysopidae). Pakistan Journal of Zoology 10, 98-90.

Alyokhin, A.V. & Ferro, D.N. (1999) Relative fitness of Colorado potato beetle (Coleoptera: Chrysomelidae) resistant and susceptible to the Bacillus thuringiensis Cry3A toxin. Journal of Economic Entomology 92, 510-515.

Anónimo (2005) Statistix for Windows, Tallahassee, FL, Analytical Software.

Argentine, J.A., Clarck, J.M. & Ferro, D.N. (1989) Relative fitness of insecticide resistant Colorado potato beetle strains (Coleoptera: Chrysomelidae). Environmental Entomology 18, 705-710.

Arno, J. & Gabarra, R. (2011) Efeitos secundários de insecticidas selecionados nos predadores de Tuta absoluta (Lepidoptera: Gelechiidae) Macrolophus pygmaeus e Nesidiocoris tenuis (Hemiptera: Miridae). Journal of Pest Science 84, 513-520.

Basit, M., Sayyed, A.H., Saeed, S. & Saleem, M.A. (2012) Ausência de custos de fitness associados à resistência ao acetamipride em Bemisia tabaci (Hemiptera: Aleyrodidae). Journal of Economic Entomology 105, 1401-1406.

Beeman, R.W. & Nanis, S.M. (1986) Alelos de resistência ao malatião e sua aptidão no escaravelho da farinha vermelha (Coleoptera,
Tenebrionidae). Journal of Economic Entomology 79, 580-587.

Bielza, P., Quinto, V., Gravalos, C., Abellan, J. & Fernandez, E. (2008) Ausência de custos de aptidão da resistência a insecticidas no tripes das flores do Oeste (Thysanoptera: Thripidae). Journal of Economic Entomology 101, 499-503.

Biondi, A., Mommaerts, V., Smagghe, G., Vinuela, E., Zappala, L. & Desneux, N. (2012) O impacto não-alvo dos espinosanos nos artrópodes benéficos. Pest Management Science 68, 15231536.

Birch, L.C. (1948) The intrinsic rate of natural increase of an insect population. Journal of Animal Ecology 17, 15-26.

Bret, B.L., Larson, L., Schoonover, J., Sparks, T.C. & Thompson, G.D. (1997) Biological properties of Spinosad.Down to Earth 52, 6-13.

Cao, G.C. & Han, Z.J. (2006) Resistência à tebufenozida selecionada em Plutella xylostella e a sua resistência cruzada e custo de fitness. Pragas
Management Science 62, 746-751.

Carriere, Y., Deland, J.P., Roff, D.A. & Vincent, C. (1994) Lifehistory costs associated with the evolution of insecticide resistance. Proceedings of the Royal Society of London B: Biological Science 258, 35-40.

Carriere, Y., Ellers-Kirk, C.A., Patin, L., Sims, M., Meyer, A.S., Liu, Y.B., Dennehy, T.J. & Tabashnik, B.E. (2001) Overwintering cost associated with resistance to transgenic cotton in the pink bollworm (Lepidoptera: Gelechiidae). Journal of Economic Entomology 94, 935-941.

Chi, H. & Getz, W.M. (1988) Criação em massa e colheita com base numa tabela de vida com dois sexos e uma fase etária: um estudo de caso do verme do tubérculo da batata (Lepidoptera: Gelechiidae). Environmental Entomology 17, 18-25.

Chi, H. & Yang, T.C. (2003) Tabela de vida de dois sexos e taxa de predação de Propylaea japonica (Thunberg) (Coleoptera: Coccinellidae) alimentada em Myzus persicae (Sulzer) (Homoptera: Aphididae). Environmental Entomology 32, 327-333.

Cisneros, J., Goulson, D., Derwent, L.C., Penagos, D.I., Hernandez, O. & Williams, T. (2002)
Efeitos tóxicos do spinosad em insectos predadores. Controlo Biológico 23, 156-163.

Cleveland, C.B., Mayes, M.A. & Cryer, S.A. (2001) An ecological risk assessment for spinosad use on cotton. Pest Management Science 58, 70-84.

Desneux, N., Pham-Delegue, M.H. & Kaiser, L. (2004) Effects of sublethal and lethal doses of lambda-cyhalothrin on oviposition experience and host searching behaviour of a parasitic wasp Aphidius ervi.Pest Management Science 60, 381-389.

Desneux, N., Denoyelle, R. & Kaiser, L. (2006) Um bioensaio em várias etapas para avaliar o efeito da deltametrina na vespa parasita Aphidius ervi.Chemosphere 65, 1697-1706.

Desneux, N., Decourtye, A. & Delpuech, J.M. (2007) The sublethal effects of pesticide on beneficial arthropods. Revisão Anual de Entomologia 52, 81-106.

Eggers-Schumacher, H.A. (1983) A comparison of the reproductive performance of insecticide resistant and susceptible clones of Myzus persicae.Entomologia

Experimentalis et Applicata 34, 301-307.

EPA (1999) LC50 Software Program.Version 1.50.Cincinnati, OH, USA, Ecological Monitoring Research Division, Environmental Monitoring Systems Laboratory, EPA, USA. Disponível em linha

Em http://www.epa.gov/nerleerd/stat2.htm

Falconer, D.S. (1989) Introduction to Quantitative Genetics.3rd edn.London, UK, Longman.

Finney, D. (1971) Probit Analysis. 3ª ed. Cambridge, Reino Unido, Cambridge University Press.

Galvan, T.L., Koch, R.L. & Hutchison, W.D. (2005) Efeitos do spinosad e do indoxacarb na sobrevivência, desenvolvimento e reprodução do escaravelho multicolorido da dama asiática (Coleoptera: Coccinellidae). Controlo Controlo Biológico 34,108-114.

Iqbal, M. & Wright, D.J. (1996) A resistência do hospedeiro aos insecticidas pode conferir proteção aos parasitóides endo-larvares. Boletim de Investigação Entomológica 86, 721-723.

Janmaat, A.F. & Myers, J.H. (2005) O custo da resistência a Bacillus thuringiensis varia consoante a planta hospedeira de Trichoplusia ni. Proceedings of the Royal Society B: Biological Sciences 272, 1031-1038.

Jia, B., Liu, Y., Zhu, Y.C., Liu, X., Gao, C. & Shen, J. (2009) Herança, custo de aptidão e mecanismo de resistência à tebufenozida em Spodoptera exigua (Hubner) (Lepidoptera: Noctuidae). Gestão de Pragas Pest Management 65, 996-1002.

Kim, D.S., Brooks, D.J. & Riedl, H. (2006) Efeitos letais e subletais da abamectina, do espinosade, da metoxifenozida e do acetamipride no inseto predador Deraeocoris brevis em laboratório. Controlo Controlo Biológico 51,465-484.

Kliot, A. & Ghanim, M. (2012) Custos de fitness associados à resistência aos insecticidas. Pest Management Science 68, 1431-1437.

Lingren, P.D., Ridgway, R.L. & Jones, S.L. (1968) Consumo por vários artrópodes predadores comuns de ovos e larvas de duas espécies de Heliothis que atacam o algodão.Annals of the Entomological Society of America 61, 613-617.

Litchfield, J.T. & Wilcoxon, F. (1949) A simplified method of evaluating dose-effect experiments.Journal of Pharmacology and Experimental Therapeutics 99, 99-103.

Liu, Z. & Han, Z. (2006) Custos de fitness da resistência ao imidaclopride selecionada em laboratório na cigarrinha castanha, Nilaparvata lugens (Stal). Pest Management Science 62, 279- 282.

McKenzie, J.A. (1993) Measuring fitness and intergenic interactions: the evolution of resistance to diazinon in Lucilia cuprina. Genetica 90,227-237.

McKenzie, J.A., Whitten, M.J. & Adena, M.A. (1982) The effect of genetic background on the fitness of diazinon resistance genotypes of the Australian sheep blowfly, Lucilia cuprina. Hereditariedade 49, 1-9.

Mulligan, E.A., Ferry, N., Jouanin, L., Romeis, J. & Gatehouse, A.M.R. (2010) Caracterização da fisiologia digestiva de adultos de crisopídeos verdes (Chrysoperla carnea): impacto de um inibidor de cisteína protease e de um piretróide sintético. Pest Management Science 66, 325-336.

Pathan, A.K., Sayyed, A.H., Aslam, M., Razaq, M., Jilani, G. & Saleem, M.A. (2008) Evidence of field-evolved resistance to organophosphates and pyrethroids in Chrysoperla carnea (Neuroptera: Chrysopidae). Journal of Economic Entomology 101, 1676-1684.

Pathan, A.K., Sayyed, A.H., Aslam, M., Liu, T.X., Razzaq, M. & Gillani, W.A. (2010) A resistência a piretróides e organofosforados aumentou a aptidão e o potencial de predação de Chrysoperla carnea (Neuroptera: Chrysopidae). Journal of Economic Entomology 103, 823-834.

Penagos, D.I., Cisneros, J., Hernandez, O. & Williams, T. (2005) Efeitos letais e subletais do inseticida natural spinosad em parasitóides de Spodoptera frugiperda (Lepidoptera: Noctuidae). Biocontrol Science and Technology 15,81-95.

Pree, D.J., Archibald, D.E. & Morrison, R.K. (1989) Resistência a insecticidas no crisopídeo verde comum, Chrysoperla carnea (Neuroptera, Chrysopidae) no sul de Ontário.Journal of Economic Entomology 82, 29-54.

Radford, P.J. (1967) Growth analysis formulae; their use and abuse.Crop Science 7, 171-175.

Rahman, M.M., Baker, G., Powis, K., Roush, R.T. & Schmidt, O. (2010) Indução e transmissão de tolerância ao pesticida sintético benzoato de emamectina em populações de campo e de laboratório da traça-das-crucíferas. Journal of Economic Entomology 103, 1347-1354.

Rajakulendran, S.V. & Plapp, F.W. (1982) Synergism of five synthetic pyrethroids by chlordimeform against the tobacco budworm (Lepidoptera: Noctuidae) and a predator Chrysopa carnea (Neuroptera: Chrysopidae). Journal of Economic Entomology 75, 1089-1092.

Romeis, J., Meissle, M. & Bigler, F. (2006) Culturas transgénicas que expressam toxinas de Bacillus thuringiensis e controlo biológico. Nature Biotechnology 24, 63-71.

Roush, R.T. & Daly, J.C. (1990) The role of population genetics in resistance research and management. pp. 97-152 in Roush, R.T. & Tabashnik, B.E. (Eds) Pesticide Resistance in Arthropods.New York, Chapman & Hall.

Roush, R.T. & Plapp, F.W. (1982) Effects of insecticide resistance on biotic potential of the house fly (Diptera: Muscidae). Journal of Economic Entomology 75, 708-713.

Saber, M. (2011) Toxicidade aguda e a nível populacional do imidaclopride e do fenpyroximate num importante parasitoide de ovos, Trichogramma cacoeciae (Hymenoptera: Trichogrammatidae).

Ecotoxicologia 20, 1476-1484.

Saleem, M.A., Ahmad, M., Aslam, M. & Sayyed, A.H. (2008) Resistência a organoclorados, organofosforados, carbamatos e piretróides selecionados em Spodoptera litura (Lepidoptera: Noctuidae) do Paquistão. Jornal de Entomologia Económica 101, 1667-1675.

Salgado, V.L. (1997) Os modos de ação do espinosade e de outros produtos de controlo de insectos. Down to Earth 52, 35-43.

Salgado, V.L. (1998) Estudos sobre os modos de ação do espinosade: sintomas nos insectos e correlações fisiológicas. Pesticide Biochemistry and Physiology 60, 91-102.

Sayyed, A.H. & Wright, D.J. (2001) Fitness costs and stability of resistance to Bacillus thuringiensis in a field population of the diamondback moth Plutella xylostella (L.).Ecological Entomology 26, 502-508.

Sayyed, A.H., Cerda, H. & Wright, D.J. (2003) Poderão as culturas transgénicas Bt ter efeitos nutricionalmente favoráveis nos insectos resistentes? Ecology Letters 6, 167-169.

Sayyed, A.H., Ahmad, M. & Crickmore, N. (2008a) Os custos de adaptação limitam o desenvolvimento de resistência ao indoxacarbe e à deltametrina em Heliothis virescens (Lepidoptera: Noctuidae).

Journal of Economic Entomology 101,1927-1933.

Sayyed, A.H., Saeed, S., Noor-Ul-Ane, M. & Crickmore, N. (2008b) Genetic, biochemical, and physiological characterization of spinosad resistance in Plutella xylostella (Lepidoptera:

Plutellidae). Jornal de Entomologia Económica 101,1658-1666.

Sayyed, A.H., Pathan, A.K. & Faheem, U. (2010) Resistência cruzada, genética e estabilidade da resistência à deltametrina numa população de Chrysoperla carnea de Multan, Paquistão. Pesticide Biochemistry and Physiology 98, 325-332.

Stara, J., Ourednickova, J. & Kocourek, F. (2011) Avaliação laboratorial dos efeitos secundários de insecticidas em Aphidius colemani (Hymenoptera: Aphidiidae), Aphidoletes aphidimyza (Diptera: Cecidomyiidae) e Neoseiulus cucumeris (Acari: Phytoseidae). Journal of Pest Science 84, 25-31.

Stark, J.D. & Banks, J.E. (2003) Population-level effects of pesticides and other toxicants on arthropods. Revisão Anual de Entomologia 48,505-519.

Stark, J.D., Vargas, R. & Miller, N. (2004) Toxicidade do spinosad em iscos proteicos para três espécies de moscas da fruta tefritídeos (Diptera:Tephritidae) economicamente importantes e seus parasitóides (Hymenoptera: Braconidae). Journal of Economic Entomology 97,911-15.

Stark, J.D., Vargas, R. & Banks, J.E. (2007) Incorporating ecologically relevant measures of pesticide effect for estimating the compatibility of pesticides and biocontrol agents.Journal of Economic Entomology 100, 1027-1032.

Suma, P., Zappala, L., Mazzeo, G. & Siscaro, G. (2009) Efeitos letais e sub-letais de insecticidas em inimigos naturais das cochonilhas dos citrinos. Biological Control 54, 651-661.

Syed, A.N., Ashfaq, M. & Khan, S. (2005) Comparação do desenvolvimento e predação de Chrysoperla carnea (Neuroptera: Chrysopidae) em diferentes densidades de dois hospedeiros (Bemisia tabaci e Amrasca devastans). Pakistan Entomologist 27, 41-44.

Symondson, W.O.C., Sunderland, K.D. & Greenstone, M.H. (2002) Podem os predadores generalistas ser agentes de biocontrolo eficazes? Annual Review of Entomology 47, 561-594.

Tabashnik, B.E. (1992) Resistance risk assessment: realized heritability of resistance to Bacillus thuringiensis in diamondback moth (Lepidoptera: Plutellidae), tobacco budworm (Lepidoptera: Noctuidae), and Colorado potato beetle (Coleoptera: Chrysomelidae). Journal of Economic Entomology 85, 1551-1559.

Tauber, C.A., De-Leon, T., Penny, N.D. & Tauber, M.J. (2000) The genus Ceraeochrysa (Neuroptera: Chrysopidae) of America north of Mexico: larvae, adults, and comparative biology.

Annals of the Entomological Society of America 93, 1195-1221.

Thompson, G. & Hutchins, S. (1999) Spinosad. Pesticide Outlook 10, 78-81.

Wang, D., Qiu, X., Wang, H., Qiao, K. & Wang, K. (2010) Redução da aptidão associada à resistência ao spinosad em Helicoverpa armigera. Phytoparasitica 38, 103-110.

Wang, R. & Nordlund, D.A. (1994) Use of Chrysoperla spp. (Neuroptera: Chrisopidae) in augmentative release programs for control of arthropod pests. Biocontrol News and Information 15, 51-57.

White, N.D.G. & Bell, R.J. (1990) Relative fitness of a malathionresistant strain of Cryptolestes ferrugineus (Coleoptera, Cucujidae) when development and oviposition occur in malathion- treated and untreated wheat kernels.Journal of Economic Entomology 26, 23-37.

Wilson, C. & Tisdell, C. (2001) Why farmers continue to use pesticides despite environmental, health and sustainability costs. Ecological Economics 39, 449-462.

Wu, G. & Miyata, T. (2005) Susceptibilidades ao metamidofos e caraterísticas enzimáticas em 18 espécies de insectos-praga e seus inimigos naturais em culturas hortícolas de crucíferas. Pesticide Biochemistry and Physiology 82, 79-93.

Wu, G., Jiang, S.R. & Miyata, T. (2004) Alterações sazonais da suscetibilidade ao metamidofos e das propriedades bioquímicas em Plutella xylostella (Lepidoptera: Yponomeutidae) e no seu parasitoide Cotesia plutellae (Hymenoptera: Braconidae). Journal of Economic Entomology 97, 1689-1698.

Zeleny, D. (1985) Chrysopid occurrence in west Palearctic temperate forests and derived biotypes.pp. 151-160 in Canard, M., Semeria, Y. & New, T.R. (Eds) Biology of Chrysopidae. Haia, Países Baixos, Junk.

Anon., 2013.Geografia e clima de Muzaffargarh, Paquistão. Disponível: <http://en.wikipedia.Org/wiki/Muzaffargarh District# Geography_and_climate>

(acedido em 19.10.14).

Abbott, W.S., 1925. Um método para calcular a eficácia de um inseticida. J. Econ. Entomol. 18, 265-267.

Arthur, F.H., Throne, J.E., Simonaitis, R.A., 1992. Degradação e eficácia biológica do clorpirifos-metilo no trigo armazenado a cinco temperaturas e três teores de humidade. J. Econ. Entomol. 85, 1994-2002.

Bobe, A., Meallier, P., Cooper, J.F., Coste, C.M., 1998.Cinética e mecanismos de degradação abiótica do fipronil (hidrólise e fotólise).J. Agric. Food Chem. 46, 2834-2839.

Boina, D.R., Onagbola, E.O., Salyani, M., Stelinski, L.L., 2009. Influência da temperatura do tratamento pós sobre a toxicidade de insecticidas contra Diaphorina citri (Hemiptera: Psyllidae). J. Econ. Entomol. 102, 685-691.

Cagan, L., 1998. Comportamento primaveril das larvas da broca europeia do milho, Ostrinia nubilalis (Lepidoptera, Pyralidae) no sudoeste da Eslováquia. Biología (Bratislava) 53, 223-230.

Carey, A.E., 1991. Agriculture, Agricultural Chemicals, and Water Quality. Em Agriculture and the Environment, 78-91. USDA Yearbook ofAgriculture.

Cilgi, T., Jepson, P.C., Unal, G., 1988.The short-term exposure of non-target invertebrates to pesticides in the cereal crop canopy. cereais.
Proc. Brit. Crop, 759-764.

Dreyer, H., Baumagartner, J., 1996. Influência da temperatura nos parâmetros de coorte e nas caraterísticas demográficas de duas espécies de feijão-frade
coreídeos Clavigralla tomentosicollis e C. shadabi.Entomol. Exp. Appl. 78, 201-213.

Finney, D.J., 1971. Probit Analysis, terceira edição. Cambridge Press, Nova Iorque, NY (668pp.).

Fry, F.E.J., 1947. Efeito do ambiente na atividade animal.University Toronto.Stud.,

Biol. Ser.

N.º 55, Pub. Ont. Fish. Res. Lab 68, 1 62.

Glunt, K.D., Blanford, J.I., Paaijmans, K.P., 2013. Produtos químicos, clima e controlo: aumentar a eficácia das ferramentas de controlo dos vectores da malária, considerando as temperaturas relevantes. PLOS Pathog.9 (10), e1003602.http://dx.doi.org/10.1371/journal.-ppat.1003602.

Harwood, A.D., You, J., Lydy, M.J., 2009. A temperatura como ferramenta de avaliação da identificação da toxicidade dos insecticidas piretróides: confirmação toxicocinética. Environ. Toxicol. Chem. 28, 10511058.

Hassan, S.A., 1987. Métodos normalizados para testar os efeitos secundários dos pesticidas nos inimigos naturais de insectos e ácaros desenvolvidos pela IOBC/ EPPO. 15, 214-255.

Infante, F., 2000. Desenvolvimento e taxas de crescimento populacional de Prorops nasuta (Hym., Bethylidae) a temperaturas constantes. J.

Appl. Entomol.124,343-348.

Kennedy, P.J., 1988. A utilização de barreiras de polietileno para estudar os efeitos a longo prazo dos pesticidas nos escaravelhos do solo (Coleoptera: Carabidae)

em experiências de campo de pequena escala. In: Greaves, B.D., Smith, B.D., Smith, P.W.G. (Eds.), Field Methods for the Study of Environmental Effects of Pesticides. BCPC Publications, Thornton Health, pp. 335-340.

Litchfield, J.T., Wilcoxon, F., 1949.A simplified method of evaluating dose effect experiments.

J. Pharmacol. Exp.Ther.99,99-103.

Lingren, P.D., Ridgway, R.L., Jones, S.L., 1968. Consumo por vários artrópodes predadores comuns de ovos e larvas de dois

Espécies de Heliothis que atacam o algodão. Ann. Entomol. Soc. Am. 61, 613-617.

Leahy, J.P., 1985. Metabolismo e degradação ambiental. Em: Leahy, J.P. (Ed.), The Pyrethroid Insecticides. Taylor and Francis, Londres, pp. 263-342.

Mohyuddin, A.I., Jillani, G., Khan, A.G., Hamza, A., Ahmad, I., Mahmood, Z., 1997. Integrated pest management of major cotton pests by conservation, redistribution and augmentation of natural enemies in Pakistan. Pak. J. Zool. 29, 293-298.

Muturi, E.J., Lampman, R., Costanzo, K., Alto, B.W., 2011. Efeito da temperatura e do stress inseticida nas caraterísticas da história de vida de Culex restuans e Aedes albopictus (Diptera: Culicidae). J. Med. Entomol. 48, 243-250.

Musser, F.R., Shelton, A.M., 2005. A influência da temperatura pós-exposição na toxicidade dos insecticidas para Ostrinia nubilalis
(Lepidoptera: Crambidae). Pest.Manag. Sci. 61, 508-510.

Pathan, A.K., Sayyed, A.H., Aslam, M., Liu, T.X., Razzaq, M., Gillani, W.A., 2010. A resistência aos piretróides e organofosforados aumentou a aptidão e o potencial de predação de Chrysoperla carnea (Neuroptera: Chrysopidae). J. Econ. Entomol.103, 823-834.

Pathan, A.K., Sayyed, A.H., Aslam, M., Razaq, M., Jilani, G., Saleem, M.A., 2008. Evidence of field-evolved resistance to organophosphates and pyrethroids in Chrysoperla carnea (Neuroptera: Chrysopidae).J.Econ. Entomol. 101,1676-1684.

Pree, D.J., Archibald, D.E., Morrison, R.K., 1989. Resistance to insecticides in the common green lacewing Chrysoperla carnea (Neuroptera, Chrysopidae) in southern Ontario. J. Econ. Entomol. 82, 29-54.

Roush, R.T., Daly, J.C., 1990. O papel da genética populacional na investigação e gestão da resistência. Em: Roush, R.T., Tabashnik,
B.E. (Eds.), Pesticide Resistance in Arthropods. Chapman and Hall, Nova Iorque, pp. 97-152.

Salgado, V.L., Herman, M.D., Narahashi, T., 1989. Interações do piretróide fenvalerato com os canais de sódio da membrana nervosa: dependência da temperatura e mecanismo de despolarização. Neurotoxicologia 10, 1-14.

Sayyed, A.H., Pathan, A.K., Faheem, U., 2010. Resistência cruzada, genética e estabilidade da resistência à deltametrina numa população de Chrysoperla carnea de Multan, Paquistão.Pestic.Biochem. Physiol. 98, 325-332.

Scott, J.G., 1995. Effects of temperature on insecticide toxicity, em Reviews in pesticide toxicology. Em: Roe, R.M., Kuhr, R.J. (Eds.), Toxicology Communications, vol. 3. Raleigh, NC, EUA, pp. 111-135.

Song, J., Narahashi, T., 1996. Modulação dos canais de sódio dos neurónios Purkinje cerebelares de rato pelo piretróide tetrametrina. J. Pharmacol. Exp. Ther.277,445-453.

Tauber, M.J., Tauber, C.A., Daane, K.M., Hagen, K.S., 2000. Commercialization of predators: recent lessons from green lacewings (Neuroptera: Chrysopidae). Am. Entomol. 46, 26-38.

Taborsky, V., Hejzlar, P., Kazad, J., Hruska, J., Zohdy, G.I., 1995. Os efeitos tóxicos de diferentes pesticidas no inseto predador, Orius majuscules (Heteropta: Anthocoridae). Ochra.Rost., UZPI 31, 257-263.

Thompson, G.D., Busacca, J.D., Jantz, O.K., Kirst, H.A., Larson, L.L., Sparks, T.C., 1995.

Spinosyns: uma visão geral dos novos sistemas naturais de gestão de insectos. Proc. Beltwide Cotton Conf. 2, 1039-1043.

Wilkinson, R., Balsari, P., Oberti, R., 1999. In: Plant production engineering, Pest control equipment, vol. 3. AmericanSociety ofAgricultural Engineers, St Joseph, MI, USA (277pp.).

Wu, G., Miyata, T., 2005.Susceptibilidades ao metamidofos e caraterísticas enzimáticas em 18 espécies de insectos-praga e seus inimigos naturais em culturas hortícolas de crucíferas.Pestic.Biochem. Physiol. 82, 79-93.

Wu, G., Jiang, S.R., Miyata, T., 2004. Alterações sazonais da suscetibilidade ao metamidofos e propriedades bioquímicas em Plutella xylostella (Lepidoptera: Yponomeutidae) e no seu parasitoide Cotesia plutellae (Hymenoptera: Braconidae). J. Econ. Entomol.97, 1689- 1698.

Weinzierl, R., Henn, T., Koehler, P.G., 1998.Microbial insecticides.ENY-275 (Online).<http://edis.ifas.uX.edu/IN081> (acedido em 15.01.13).

Yang, P.J., Carey, J.R., Dowell, R.V., 1994. Influência da temperatura no desenvolvimento e demografia de Bactrocera dorsalis (Diptera: Tephritidae) na China. Environ. Entomol. 23, 971974.

Zheng, F.S., Du, Y.Z., Wang, Z.J., Xu, J.J., 2008. Efeito da temperatura na demografia de Galerucella birmanica (Coleoptera:Chrysomelidae). Insect Sci. 15, 375-380.

MIX
Papier aus verantwortungsvollen Quellen
Paper from responsible sources
FSC® C105338

Printed by Books on Demand GmbH, Norderstedt / Germany